INSPEÇÃO PREDIAL TOTAL

3ª edição

INSPEÇÃO PREDIAL TOTAL

3ª edição

Tito Lívio Ferreira Gomide

Marco Antonio Gullo

Jerônimo Cabral P. Fagundes Neto

Stella Marys Della Flora

oficina de textos

1ª reimpressão 2022

Grafia atualizada conforme o Acordo Ortográfico da Língua Portuguesa de 1990, em vigor no Brasil desde 2009.

Capa e projeto gráfico Malu Vallim
Diagramação Victor Azevedo
Preparação de figuras Victor Azevedo
Preparação de textos Hélio Hideki
Revisão de textos Natália Pinheiro
Impressão e acabamento Mundial gráfica

Dados Internacionais de Catalogação na Publicação (CIP)
(Câmara Brasileira do Livro, SP, Brasil)

Inspeção predial total / Tito Lívio Ferreira Gomide...[et al.]. -- 3. ed. -- São Paulo : Oficina de Textos, 2019.
Demais autores: Marco Antonio Gullo, Jerônimo Cabral P. Fagundes Neto, Stella Marys Della Flora

Bibliografia.
ISBN 978-85-7975-343-5

1. Construção civil - Inspeção 2. Edifícios - Manutenção - Normas - Brasil 3. Engenharia legal - Brasil 4. Inspeção predial - Brasil I. Gomide, Tito Lívio Ferreira. II. Gullo, Marco Antonio. III. Fagundes Neto, Jerônimo Cabral Pereira. IV. Flora, Stella Marys Della.

19-31274 CDD-690.220981

Índices para catálogo sistemático:
1. Brasil : Inspeção predial : Construção : Tecnologia 690.220981
2. Inspeção predial : Construção : Tecnologia : Brasil 690.220981

Maria Paula C. Riyuzo - Bibliotecária - CRB-8/7639

Rua Cubatão, 798
CEP 04013-003 São Paulo SP
tel. (11) 3085-7933
www.ofitexto.com.br
atend@ofitexto.com.br

sumário

um

Inspeção predial na Engenharia Diagnóstica

A inspeção predial começou a ser estudada no Brasil a partir dos trabalhos apresentados em palestras e congressos do Instituto Brasileiro de Avaliação e Perícias de Engenharia (Ibape), em 1999. A partir de então, a evolução da disciplina e sua aplicação prática foram crescentes, e atualmente é uma das atividades mais promissoras aos engenheiros diagnósticos, principalmente em virtude do pujante mercado de edifícios verticais nas grandes cidades brasileiras.

A necessidade de aperfeiçoar a qualidade dos edifícios durante sua construção (PPE) e na fase de uso (U), bem como a atualização da perícia judicial para solucionar os conflitos, aprimorou a visão sistêmica do processo construtivo e favoreceu a criação da Engenharia Diagnóstica, com as classificações e os conceitos das ferramentas técnicas diagnósticas, entre as quais a inspeção predial.

Portanto, para bem se conhecer a finalidade da inspeção predial e seu contexto na Engenharia Diagnóstica, seguem questões e respostas pertinentes para que se torne mais fácil o entendimento dos leitores.

1.1 O que é inspeção predial?

A inspeção predial é o *check-up* da edificação, visando à boa qualidade predial e também à boa saúde de seus usuários. Ela requer o diagnóstico de seus sistemas para posteriores providências de reparos e serviços de manutenção predial.

1.2 A INSPEÇÃO PREDIAL É FERRAMENTA TÉCNICA DE QUE ESPÉCIE?

A inspeção predial insere-se no rol de ferramentas da Engenharia Diagnóstica em Edificações, que é a disciplina de ações proativas visando à qualidade da edificação, por meio de diagnósticos, prognósticos e prescrições técnicas que favorecem a boa gestão predial no decorrer da vida edilícia.

Na fase de uso (U), as principais ferramentas diagnósticas são as inspeções e as auditorias, sem embargo da possível utilização das vistorias, perícias e consultorias também. Nesse sentido, cabe reapresentar neste livro, mesmo que sucintamente, a doutrina criada pelos autores na obra *Engenharia Diagnóstica em edificações* (Gomide; Fagundes Neto; Gullo, 2009, 2015), que veio ampliar o enfoque da Engenharia Legal. Para tal, são reproduzidos a seguir os quadros sinópticos (Figs. 1.1 e 1.2) e os conceitos que evidenciam as vertentes dessa nova disciplina:

* *Engenharia Diagnóstica em edificações* é a arte de criar ações proativas por meio de diagnósticos, prognósticos e prescrições técnicas, visando à qualidade total da edificação.
* *Vistoria em edificação* é a constatação técnica de determinado fato, condição ou direito relativo a uma edificação, mediante verificação *in loco*.
* *Inspeção em edificação* é a análise técnica de fato, condição ou direito relativo a uma edificação, com base em informações genéricas e na experiência do engenheiro diagnóstico.
* *Auditoria em edificação* é o atestamento técnico, ou não, de conformidade de um fato, condição ou direito relativo a uma edificação.
* *Perícia em edificação* é a determinação da origem, da causa e do mecanismo de ação de um fato, condição ou direito relativo a uma edificação.
* *Consultoria em edificação* é a prescrição técnica a respeito de um fato, condição ou direito relativo a uma edificação.

Um dos importantes benefícios introduzidos pela Engenharia Diagnóstica foi a concepção de uma hierarquia lógica, e muito bem fundamentada, dos serviços prestados pelos profissionais especializados, partindo do nível mais simples, qualificado como vistoria em edificação, ao nível mais complexo da prestação de serviço, caracterizado pela consultoria em edificação. A hierarquização dos serviços permite que eles sejam ofertados de forma mais precisa e clara ao mercado, evitando que um trabalho seja classificado como "imprestável".

Ainda em relação à comprovada similaridade dos conceitos da Medicina com aqueles já consagrados pela Engenharia Diagnóstica em edificações, novas terminologias e novos conceitos foram apresentados:

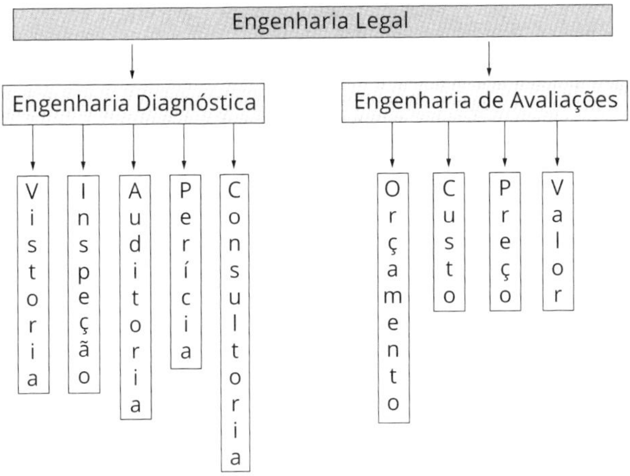

FIG. 1.1 *Fluxograma da Engenharia Legal*

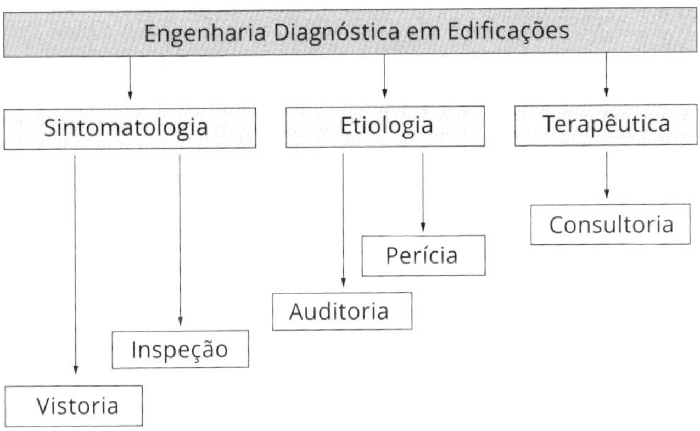

FIG. 1.2 *Estudos realizados com as ferramentas da Engenharia Diagnóstica*

- *Anamnese técnica da edificação*: dados coletados sobre o início e a evolução da anomalia construtiva ou falha de manutenção, desde a concepção do projeto até a data da vistoria ou inspeção.
- *Diagnóstico técnico da edificação*: determinação e indicação das anomalias construtivas e falhas de manutenção, mediante auditorias, ensaios laboratoriais e perícias.
- *Prognóstico técnico da edificação*: indicação das ocorrências vindouras nas anomalias construtivas e falhas de manutenção em consonância à correspondente prescrição da consultoria.

* *Prescrição técnica da edificação*: consultoria com indicação dos reparos das anomalias construtivas e falhas de manutenção.
* *Sintomatologia técnica da edificação*: constatações e análises dos sintomas e condições físicas das anomalias construtivas e falhas de manutenção.
* *Etiologia técnica da edificação*: determinação dos efeitos, origens, causas, mecanismos de ação, agentes e fatores de agravamento das anomalias construtivas e falhas de manutenção.
* *Terapêutica da edificação*: estudos das reparações das anomalias construtivas e falhas de manutenção.
* *Patologia da edificação*: estudo que se ocupa da natureza e das modificações das condições físicas e/ou funcionais produzidas pelas anomalias construtivas e falhas de manutenção, por meio de auditorias, perícias e ensaios técnicos.

1.3 Onde se inserem no processo construtivo as inspeções em geral e a inspeção predial propriamente dita?

O processo construtivo pode ser descrito por meio das fases de planejamento, projeto, execução de obra, conclusão de obra e uso, tradicionalmente conhecido como PPEU, atualmente PPEEU, conforme exposto adiante.

As inspeções técnicas de Engenharia podem ser utilizadas em todas as fases do processo, mas a inspeção predial propriamente dita insere-se na fase de uso.

Para facilitar o entendimento, as Figs. 1.3 e 1.4 apresentam o fluxograma da Engenharia Diagnóstica.

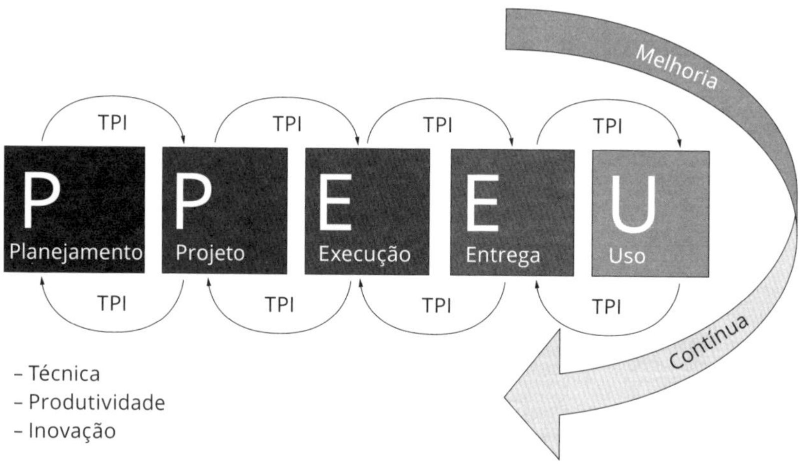

Fig. 1.3 *Fases da edificação*

1.4 Qual é o objetivo da inspeção predial?

O principal objetivo do *check-up* predial é determinar as irregularidades prediais que possam prejudicar a qualidade da edificação, tais quais os apontamentos dos médicos sobre as doenças e os maus hábitos humanos que prejudicam a saúde. Esse conhecimento técnico das manifestações patológicas prediais associadas à identificação de anomalias, falhas de manutenção e irregularidades de uso e operação é fundamental para que se possa planejar o "tratamento predial" de qualidade, representado pelos bons cuidados técnicos, de manutenção e de uso.

A inspeção predial constitui-se, portanto, de um retrato técnico da qualidade edilícia em determinado momento, buscando estabelecer providências e responsabilidades pelo cuidado do prédio. O bom retrato indica o bom gestor predial, a foto "desfocada" recomenda correções e melhorias.

O retrato da inspeção predial também é útil ao gestor do prédio na fase da garantia, pois a atenção com a saúde do "bebê" predial é fundamental, inclusive para preservar a garantia e evitar a degradação precoce.

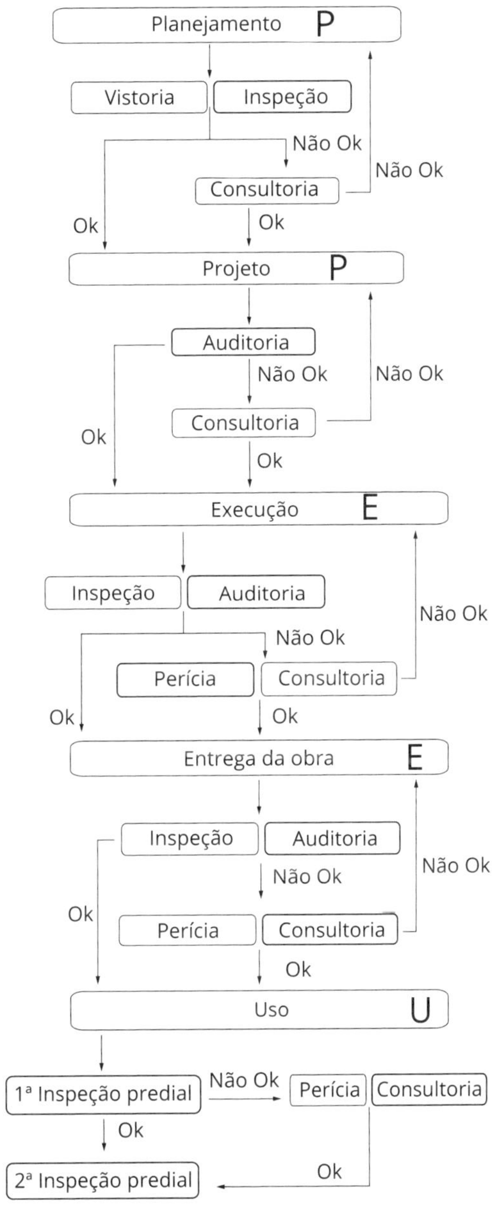

Fig. 1.4 *Fluxograma das ferramentas da Engenharia Diagnóstica*

1.5 Quando deve ser iniciado o programa de inspeção predial?

O programa de inspeção predial deve ser iniciado a partir da entrega do empreendimento, mediante a formulação da inspeção de entrega de obra, um dos produtos previstos pela Engenharia Diagnóstica, aplicável ao caso. Tal prática vem se consolidando como um diferencial positivo de algumas empresas construtoras, destacando-se as reuniões prévias com os adquirentes para apresentar o produto imobiliário e entregar/explicar o manual de uso, operação e manutenção, bem como a realização de vistorias ou inspeções técnicas de conclusão das áreas comuns e do *checklist* das unidades, para facilitar e antecipar a solução das pendências usuais dessa fase.

1.6 Como deve ser feita a contratação da inspeção predial?

A contratação do serviço de inspeção predial deve ser permanente, inclusive para que favoreça e possibilite pagamentos parcelados aos condomínios, constituindo-se procedimento de baixo custo e de muita utilidade. A proposta do serviço costuma conter o detalhamento técnico da atividade, a relação dos tópicos do laudo e a descrição dos profissionais da equipe, além de dados sobre os documentos necessários e o planejamento do serviço.

A boa prestação de serviço recomenda que a inspeção predial seja formalizada por meio de contrato escrito e assinado pelas partes, com previsões de ações e obrigações bem definidas pelos contratantes, inclusive com as especificações minuciosas de etapas do serviço, limites de responsabilidades, preços, condições de pagamento, prazos de entrega do laudo e outras particularidades, tais como a autorização e a facilidade de acesso aos locais a serem inspecionados e o acompanhamento de funcionários do prédio (manutencista ou gerente predial) ou da administradora na inspeção de campo.

1.7 Quais são os profissionais habilitados para fazer a inspeção predial?

Normalmente os engenheiros e os arquitetos são profissionais habilitados para a inspeção predial, mas devem possuir experiência na atividade pericial de Engenharia e conhecimentos em Patologia de Edificações, Ensaios Tecnológicos, Técnicas de Engenharia Diagnóstica e de Qualidade Predial Total, além de atributos pessoais específicos, como o espírito investigativo e a curiosidade na apuração das origens e causas dos problemas técnicos em edificações. Além desses requisitos, a ética e a serenidade para lidar com condôminos insatisfeitos também são necessárias. Em resumo, os requisitos profissionais essenciais da inspeção predial são tridimensionais, lastreados nas vertentes da experiência, da técnica e da ética.

1.8 Qual é o conteúdo técnico da inspeção predial?

A inspeção predial deve apresentar as reais condições da "saúde predial" por meio da visão sistêmica tridimensional, consoante será detalhado mais adiante neste livro.

A Fig. 1.5 apresenta o fluxograma genérico da inspeção predial, sob a ótica da Engenharia Diagnóstica.

A inspeção predial, portanto, vem se somar à crescente e acelerada evolução dos estudos técnicos relativos à construção civil da atualidade, que têm movimentado a indústria imobiliária e atividades correlatas, incluído nesse rol o setor de perícias e avaliações de Engenharia.

A introdução de novos materiais, de novos sistemas construtivos e também de projetos mais arrojados é um fator que tem gerado novas demandas de ações técnicas e novos problemas construtivos (inovação tecnológica pode resultar na inovação de problemas), podendo-se incluir a necessidade de fiscalização da qualidade nas fases da entrega (inspeção de recebimento/entrega/conclusão de obras) e do uso (inspeção predial), para minimizar conflitos com os adquirentes do produto imobiliário e para valorizar as medidas que priorizam a qualidade predial total.

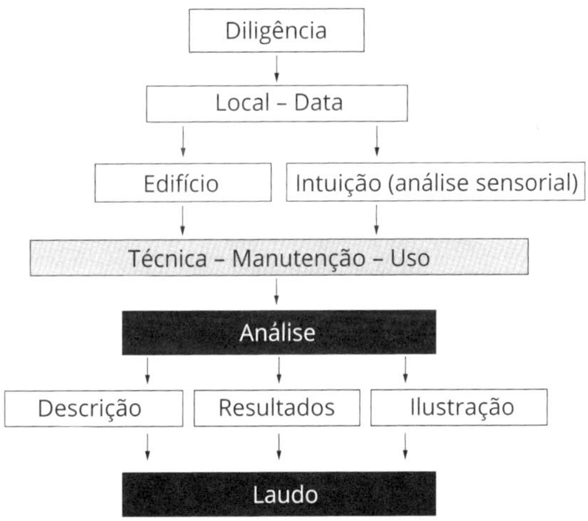

Fig. 1.5 *Fluxograma da inspeção predial*

1.9 Quais são os locais e sistemas analisados numa inspeção predial?

Geralmente todas as áreas comuns externas e internas da edificação, bem como todos os sistemas construtivos, instalações e equipamentos dessas áreas, devem ser inspecionadas e analisadas. A diversidade de edificações, evidentemente, exige a realização de estudos específicos para cada tipologia, mas a inspeção dos sistemas construtivos, instalações e equipamentos mais tradicionais é imprescindível.

As áreas comuns externas e internas mais usuais dos edifícios residenciais, comerciais e de escritórios são as seguintes:

* *térreo*: guarita, jardins, estacionamentos, áreas de lazer, *halls*, vestiários, compartimento da lixeira, quadros e salas dos medidores das concessionárias etc.;
* *subsolos*: vagas de estacionamento, sala de pressurização, sala dos geradores, reservatórios inferiores, casa de bombas etc.;
* *escadarias e* halls: corrimãos, portas corta-fogo, *shafts* etc.;
* *cobertura*: casa de máquinas dos elevadores, barrilete etc.;
* *ático*: terraço ou telhado.

Para tais edificações, os principais sistemas construtivos a serem analisados são os seguintes:

* *fundações*: sapatas, blocos, muros de arrimo, estacas etc.;
* *estrutura*: pilares, vigas, lajes, consoles etc.;
* *fechamentos*: alvenarias, placas de concreto, placas *dry-wall*, divisórias etc.;
* *esquadrias*: portas, janelas, vitrôs, portões, grades, basculantes etc.;
* *revestimentos internos*: pisos, forros e paredes de cimentado, gesso, cerâmica, placas melamínicas, placas de concreto, pedras, tacos de madeira, pintura etc.;
* *fachadas*: argamassa pintada, textura, pele de vidro, placas metálicas etc.;
* *impermeabilizações*: mantas e proteções mecânicas etc.

Quanto às instalações mais comuns, cabe destaque às seguintes:

* *instalações elétricas*: entrada, casa dos medidores (centro de medição), quadros, fiações, pontos de luz, interruptores, tomadas etc.;
* *instalações SPDA*: cabos, fixadores, ponteiras e aterramentos;
* *instalações hidráulicas*: reservatórios, bombas de recalque, registros, tubulações, válvulas, ralos, torneiras, louças sanitárias, sifões etc.;
* *instalações de telefonia*: quadro de entrada, central telefônica, DG, fiações, aparelhos de recepção etc.;
* *instalações de segurança contra incêndios*: caixas de hidrantes, mangueiras, ponteiras, portas corta-fogo, detectores de fumaça, quadros de controle, *sprinklers*, extintores etc.

Quanto aos equipamentos, as análises mais simples recaem diretamente nos relatórios da manutenção ou em laudos de inspeção específicos que detalham as condições dos sistemas ou elementos, cabendo destaque aos seguintes:

* *elevadores*: guias, máquinas, cabina, portas, sinalizações etc.;
* *pressurização*: ventiladores, quadros, tubulações etc.;
* *ar-condicionado*: *shillers*, *fancoils*, tubulações, grades etc.;
* *automação*: fiações, quadros etc.

Os resultados dessas análises possibilitam a determinação de anomalias construtivas, falhas de manutenção e irregularidades de uso, como mostrado na Fig. 1.6.

Relação das principais irregularidades técnicas em edificações	
Edificação:	Idade:
Endereço:	Data:
Construtora:	Telefone:
Administradora:	
Inspetor:	

Sistemas construtivos e instalações	Visão sistêmica tridimensional					
	Anomalias técnicas		Falhas de manutenção		Problemas de uso	
Estrutura	Trincas		Falta de plano		Sobrecarga	
	Armadura exposta		Falta de limpeza		Apoios indevidos	
	Baixo cobrimento da armadura		Ausência de repintura de proteção		Suportes imprevistos	
	Carbonatação				Blocos aparentes	
	Eflorescência					
	Formação de estalactites					
	Bicheiras					
Alvenaria	Desaprumo				Sobrecarga indevida	
	Espessura < ou >				Ausência de proteção contra intempéries	
	Falta de esquadro					
	Desalinhamento					
	Fora do nível					

Revestimentos (cerâmicos/ pinturas)	Desuniformidades		Ausência de repinturas		Sujidades	
	Desagregação					
	Descascamento					
	Caimentos					
	Empolamentos					
	Enrugamentos					
	Bolhas/crateras					
	Trincas					
	Falta de rejuntes					
	Falta de aderência					
Impermeabilização	Infiltrações		Falta de plano		Perfuração na proteção mecânica	
	Deterioração da proteção mecânica		Falta de limpeza			
Instalações hidráulicas/gás	Aberturas/ fechamentos		Falta de limpeza		Desvio de tubulações	
	Captação pluvial insuficiente		Falta de repintura de proteção		Perfuração de tubulações	
	Escoamento deficiente					
	Vazamentos					
	Corrosão					
Instalações elétricas	Ausência de sinalização		Falta de limpeza		Sobrecarga	
	Disjuntor desliga				Desvio de fiação	
	Fiação exposta				Divisão de fiação	
	Quadros com fundo de madeira					
	Disjuntor superior à carga de desarme					
	SPDA					

Fig. 1.6 *Exemplos de irregularidades técnicas apontadas por meio de* checklist *numa inspeção predial hipotética*

1.10 Há norma técnica que recomende a inspeção predial?

Sim, no entanto, apesar do progresso da cultura do bom uso dos edifícios pela população, poucos conhecem a norma e muito ainda precisa ser feito, principalmente no tocante às orientações aos usuários sobre a adequada manutenção predial. A principal norma que cita a inspeção predial é a NBR 15575 (ABNT, 2013a). Além disso, mesmo com a existência da norma de manutenção em edificações (NBR 5674 – ABNT, 2012), poucos são os condomínios que adotam os procedimentos recomendados ou desenvolvem o plano de manutenção.

Isso não ocorre apenas por falta de conscientização e orientação dos usuários, mas também pela inexistência de empresas especializadas no atendimento aos edifícios residenciais e comerciais de pequeno e médio portes. Esse quadro revela uma oportunidade de mercado para tais serviços e também para a Engenharia Diagnóstica Predial, pois, antes mesmo da manutenção propriamente dita, há a necessidade de diagnosticar as reais condições técnicas e as previsões de ações para o aprimoramento ou a implantação do plano de manutenção, e ainda de verificar as reais condições de uso da edificação, por meio da inspeção predial.

As normas mais conhecidas para a aplicação prática da inspeção predial são a norma do Ibape (2012) e as diretrizes técnicas do Instituto de Engenharia, que serão comentadas no presente livro.

A norma de inspeção predial do Ibape/SP é referenciada na bibliografia da NBR 15575-1 (ABNT, 2013b) e citada em seu Anexo C:

> A inspeção predial configura-se como ferramenta útil para avaliação das condições de conservação das edificações em geral, para atestar se os procedimentos de manutenção adotados são insuficientes ou inexistentes, além de fornecer subsídios para orientar o plano e programas de manutenção, através das recomendações técnicas indicadas no documento de inspeção predial (ver Bibliografia).

1.11 Como se desenvolve o livro?

O livro visa apresentar procedimentos e diretrizes para a inspeção predial, pois ela retrata as condições que determinarão o tipo de planejamento, a gestão e a operação da manutenção, bem como o bom uso da edificação. A obra contém os conhecimentos que favorecem a qualidade predial total na fase de uso da edificação e sua aplicação prática.

Considerando-se que a inspeção predial surgiu e evoluiu sob a ótica da segurança, sem uma atenção mais detalhada para com os demais requisitos de qualidade, é importante o reestudo da disciplina sob a ótica diagnóstica e da qualidade predial total, em sintonia com os princípios e conceitos da Engenharia Diagnóstica, consoante será apresentado a seguir.

dois

Qualidade total e desempenho predial

A busca pela qualidade predial total tem despertado a conscientização de construtores e incorporadores que almejam atender às exigências crescentes dos consumidores do mercado imobiliário e atinge todos os segmentos dos produtos da construção, desde o usuário da habitação de interesse social (HIS) ao usuário de edifício de mais alto padrão, incluindo as edificações de uso comercial e industrial e também os prédios públicos.

As determinações legais referentes à qualidade dos produtos evoluíram acentuadamente após a sanção da Lei Federal nº 8.078, de 11 de setembro de 1990, mais conhecida como Código de Defesa do Consumidor (CDC).

O art. 4, item IId, desse código estabelece como princípio a "garantia dos produtos e serviços com padrões adequados de qualidade, segurança, durabilidade e desempenho", ou seja, é imprescindível o atendimento do requisito *qualidade* para o cumprimento da lei.

O contrato de construção, qualquer que seja a modalidade (empreitada ou administração), envolve uma obrigação de resultado. Seu objeto é a obra pronta e acabada, apta para ser utilizada para os fins a que se destina. Assim, responde o construtor por eventuais defeitos que vierem a aparecer na obra. Essa responsabilidade perdura pelo tempo razoável da expectativa de durabilidade do produto. Se o defeito aparecer no prazo de garantia, a responsabilidade do construtor é objetiva, bastando a prova da relação de causa-efeito entre o vício e o dano resultante. Se, contudo, o defeito surgir após o prazo de garantia, mas durante o tempo razoável de expectativa de durabilidade da obra, é indispensável comprovar a culpa do construtor por imperícia, imprudência ou negligência (Meirelles, 2005).

O conceito de *qualidade total*, sob a ótica do consumidor, foi estabelecido como a adequação do produto ao uso, consoante W. Edwards Deming e J. M. Juran, principais precursores dessa disciplina da Administração. Tal conceito vem sendo aplicado na maioria dos segmentos empresariais como fator de competitividade e incentivador da busca por melhoria tecnológica, visando incorporar valor aos produtos e proporcionar a sobrevivência ou a evolução das corporações no mundo globalizado.

Nessa ótica, a obtenção de qualidade total implica a necessidade de aprimoramento contínuo dos projetos, processos, produtos e treinamento das pessoas. A qualidade total inicia-se no planejamento do próprio processo e, após a aplicação prática dele, parte para a identificação de problemas de algo que não funcionou a contento, sua causa primária, de acordo com a filosofia japonesa *kaizen*. Partindo da trilogia Juran (planejamento, controle e aprimoramento) e do ciclo W. Deming (pesquisa, projeto, produção e vendas) quanto às etapas básicas para o aprimoramento contínuo, os japoneses criaram o ciclo PDCA (*plan* – planejamento, *do* – execução, *check* – verificação e *act* – ação corretiva) para tal dinâmica de trabalho, resultando em um sucesso mundialmente conhecido.

Infere-se que, muito embora a aplicabilidade desses conceitos seja de pleno conhecimento e prática em diversas atividades econômicas, na indústria da construção civil sua aceitação ainda não foi plenamente incorporada ao dia a dia dos intervenientes desse importante polo gerador de riqueza da nação.

Antes do lançamento de novos modelos ou produtos no mercado, na maioria das indústrias, os projetos são desenvolvidos com base em uma ampla pesquisa junto ao consumidor ou público-alvo estabelecido para aquele produto. Nessa ótica, os conceitos são aprimorados, tecnologias são incorporadas e os projetos são concebidos em fase preliminar, obedecidas as imposições e restrições legais (municipais, estaduais e federais) quanto ao parcelamento do solo. Os referidos projetos são então detalhados, esmiuçados e estendidos para todos os seus sistemas, elementos e componentes, em função da complexidade do produto, sempre com o auxílio dos fabricantes, que procuram contribuir com o fornecimento de suas características intrínsecas, suas propriedades e seus requisitos, para que possam favorecer o desempenho final do produto em uso, com foco na vida útil de projeto (VUP) e nas premissas adotadas na concepção em função da tipologia da construção.

Após o projeto ser estudado à exaustão, superada essa etapa, os protótipos são construídos para serem testados em campo e submetidos às diversas condições de uso para as quais foram projetados, simulando as condições reais de funcionamento.

Dada a complexidade da construção civil, nem sempre todas essas etapas são passíveis de plena aplicação, muito embora os conceitos devam ser aproveitados e implementados sempre que possível.

É importante conhecer alguns princípios que orientam a qualidade total e que são aplicáveis à construção civil. Seguem os principais:

1. propósitos permanentes para a melhoria do produto imobiliário, visando à competitividade e à criação de empregos;
2. implantação de nova filosofia para a conscientização geral de responsabilidades e liderança no processo de transformação;
3. difusão do espírito da disciplina e da perseverança entre os integrantes do processo, ao longo de todas as etapas;
4. substituição de procedimentos paliativos por atividades que visem à qualidade desde o primeiro estágio produtivo;
5. detalhamento dos procedimentos em linguagem acessível, esmiuçando-se todas as fases envolvidas nos processos de produção, uso e manutenção, incluindo as etapas e as condições de verificação e validações finais através do desejável: comissionamento;
6. substituição de práticas baseadas exclusivamente em preços por políticas de redução de custos;
7. melhoramentos de práticas produtivas visando ao aprimoramento da qualidade e da produtividade e à redução de custos, com a inclusão de novas tecnologias ou inovações tecnológicas;
8. implantação permanente de treinamentos da mão de obra;
9. instituição do espírito de liderança junto às chefias;
10. eliminação do medo visando a uma atitude proativa dos trabalhadores;
11. eliminação de barreiras entre departamentos visando ao objetivo comum da qualidade;
12. substituição de metas "nível zero" à mão de obra por níveis plausíveis de produtividade;
13. inclusão de todos os interessados envolvidos no processo de transformação visando à qualidade;
14. análise partilhada dos procedimentos visando à correção de incompatibilidades ou desvios;

15. retroalimentação dos procedimentos visando aprimorar os itens que apresentaram resultados positivos e corrigindo os que apresentaram ou representaram problemas – melhoria contínua com alterações de procedimentos e diretrizes.

A implantação de um programa de qualidade total implica o conhecimento e a aplicação desses conceitos, procedimentos e princípios, mas também requer o atendimento de exigências específicas do usuário para o produto em questão, em diversas situações.

São escassos os estudos específicos e os casos práticos de qualidade predial total na indústria imobiliária, pois esse segmento diferencia-se dos demais, sendo cada edifício um produto único, devido a suas características intrínsecas. Percebe-se, portanto, a dificuldade teórica do tema e mais ainda sua aplicação.

A indústria imobiliária também tem como característica sua permanente mobilidade. Tal condição impossibilita a padronização absoluta e a ambientação controlada no decorrer da produção, o que resulta em projetos específicos para cada prédio, além de outras particularidades em relação ao processo industrial tradicional. Algumas dessas características podem ser citadas, por exemplo: produção que permanece exposta ao tempo, materiais semi-industrializados ou até mesmo artesanais, mão de obra despreparada, legislação desfavorável e falta de incentivo governamental. Essas distinções, entre outras, constituem enormes complicadores para a obtenção da almejada qualidade predial total, pois os imprevistos e os obstáculos são praticamente inevitáveis, implicando ordinariamente atrasos e fator de geração de não conformidades.

Ao mesmo tempo, é necessário salientar que muito vem sendo feito para o aprimoramento do produto imobiliário no Brasil, podendo-se citar os estudos desenvolvidos para a elaboração da NBR 15575 (ABNT, 2013a) e alguma literatura técnica acadêmica.

Evidentemente o produto da construção civil, o bem imóvel, reveste-se de uma complexidade ímpar; ele pode envolver centenas de elementos e milhares de componentes. Muitas vezes, torna-se produto de aquisição única na vida do consumidor ou do proprietário, fruto de uma vida de sacrifício e trabalho, e por isso mesmo deveria ser objeto de maiores estudos e detalhamentos. Entretanto, não é o que se observa muitas vezes na produção imobiliária.

Os primórdios do desempenho aplicado à construção civil iniciaram-se no Brasil na década de 1970, quando foram elaborados os primeiros estudos pelo professor Teodoro Rosso, da Faculdade de Arquitetura e Urbanismo da Universidade de São Paulo (FAU/USP).

Na década de 1980, o Instituto de Pesquisas Tecnológicas (IPT) veio a se constituir na principal fonte de estudo e pesquisa sobre o desempenho mediante a contratação do Banco Nacional da Habitação (BNH), que financiou um projeto de estudos para subsidiar suas contratações na área habitacional. Com a extinção do BNH, o processo foi paralisado e o assunto sofreu uma descontinuidade, permanecendo estagnado por cerca de uma década.

A Caixa Econômica Federal (CEF), que se tornou a sucessora do BNH, assumiu e retomou o assunto, na década de 1990, contratando o IPT para a revisão e a adequação dos estudos anteriores.

Em 2000, visando se resguardar dos enormes prejuízos que vinha sofrendo junto aos projetos malsucedidos na área habitacional, quando as edificações recém-construídas se deterioravam antes mesmo de serem entregues, a CEF contratou novamente o IPT. O referido instituto continua sendo referência e possui tradição na área tecnológica, com destaque, nesse caso, para os estudos sobre o desempenho dos materiais e o desenvolvimento de uma metodologia para a avaliação de sistemas inovadores, e investiu no "projeto da norma de desempenho", desenvolvendo o texto-base quando do início das discussões, no âmbito da Associação Brasileira de Normas Técnicas (ABNT). Tal projeto foi viabilizado por meio do apoio e do financiamento obtido junto à Financiadora de Estudos e Projetos (Finep), empresa pública vinculada ao Ministério da Ciência e Tecnologia.

É importante frisar que a NBR 15575 foi inicialmente concebida para sistemas construtivos inovadores, embora também se aplique, no que couber, às técnicas tradicionais de construção.

Note-se que, no texto publicado, consta que as normas de desempenho são aplicadas, simultaneamente, às normas prescritivas para os diversos sistemas, valendo a que contiver a maior restrição. Dessa forma, as restrições impostas são praticamente inexistentes ou minimizadas pelo amparo das normas prescritivas, por exemplo, a NBR 6118 (ABNT, 2014), para os projetos estruturais, e as instruções técnicas (ITs) do Corpo de Bombeiros, para as exigências de segurança contra o fogo. Apenas não são aplicáveis a obras de reforma ou *retrofit*, edificações já existentes, edifícios em construção ou ainda projetos protocolados nos órgãos competentes até a data de entrada em vigor da norma.

A última revisão da norma de desempenho foi publicada em 19 de fevereiro de 2013, com um período probatório de cinco meses, e sua vigência se deu a partir de 19 de julho de 2013.

Em 2018, iniciou-se o processo de revisão dessa norma, com uma reunião realizada no Sindicato da Indústria da Construção Civil do Estado de São Paulo (Sinduscon/SP) em 14 de setembro de 2018, juntamente com a ABNT e demais interessados.

2.1 Norma de desempenho

A norma de desempenho NBR 15575 finalmente foi revisada e publicada e está em vigor desde julho de 2013, encontrando-se estruturada de acordo com o diagrama da Fig. 2.1.

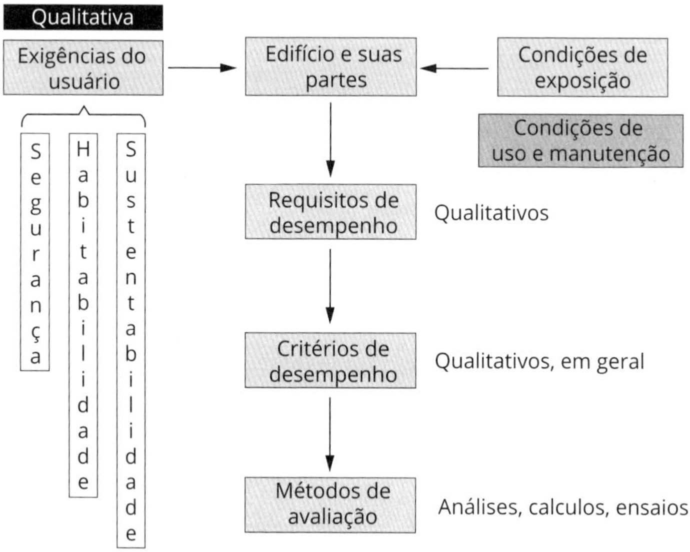

Fig. 2.1 *Estrutura da NBR 15575*

Em sua estruturação, pressupõe-se que o *edifício* inserido no meio ambiente e submetido a condições de exposição ou à atmosfera do local de sua implantação deve atender, primordialmente, às *exigências dos usuários* ao longo de sua vida útil (VU). Tais exigências representam o conjunto de necessidades dos usuários a serem satisfeitas durante o uso, de modo a cumprir ou atender a todas as funções que foram estabelecidas no projeto, desde que o mesmo edifício seja submetido às ações de manutenção e às condições de uso previstas no projeto.

As exigências dos usuários, apresentadas adiante, são traduzidas em *requisitos de desempenho*, de ordem qualitativa, e representam, em suma, o que se espera do edifício em uso do ponto de vista do usuário.

Os *critérios de desempenho* são as especificações quantitativas dos requisitos, portanto devem ser mensuráveis, a fim de que possam ser objetivamente apurados por meio dos métodos de avaliação que estão previstos na norma.

Os requisitos de desempenho da norma em questão são baseados na ISO 6241 (ISO, 1984) e contemplam, dentro das exigências dos usuários:

* *Segurança*: segurança estrutural; segurança contra o fogo; segurança no uso e na operação.
* *Habitabilidade*: estanqueidade; desempenho térmico; desempenho acústico; desempenho lumínico; saúde, higiene e qualidade do ar; funcionalidade e acessibilidade; conforto tátil e antropodinâmico.
* *Sustentabilidade*: durabilidade; manutenibilidade; impacto ambiental.

De fato, a norma de desempenho presta-se para atender às necessidades dos usuários de imóveis habitacionais em geral, que devem apresentar um comportamento previsto dentro de determinadas condições de exposição, também estabelecidas à época do projeto, ao longo de sua vida útil, sob o contexto do ambiente regulatório, econômico e social brasileiro.

Segundo a mesma norma, vida útil é o:

> Período de tempo em que um edifício e/ou seus sistemas se prestam às atividades para as quais foram projetados e construídos, com atendimento dos níveis de desempenho previstos nesta norma, considerando a periodicidade e a correta execução dos processos de manutenção especificados no respectivo manual de uso, operação e manutenção (a vida útil não pode ser confundida com prazo de garantia legal ou contratual). (ABNT, 2013, p.10).

A norma de desempenho visa conciliar o estado de conhecimento da Engenharia nacional, no contexto da atual capacidade econômica dos brasileiros. Certamente, alguns requisitos, como a própria vida útil dos sistemas, estão estabelecidos em patamares aquém dos propostos nas normas internacionais. Ao mesmo tempo, devemos encarar que se trata apenas de um primeiro passo, de uma iniciativa pioneira que precisa ser considerada adequada para atender ao que pode ser denominado de "momento de transição", para uma fase vivenciada, momentaneamente, por nossa Engenharia e, em suma, pela construção nacional.

Ao mesmo tempo, é importante consignar que a consolidação da norma depende de reavaliações e adequações de acordo com a evolução da realidade econômica nacional, sendo que, se necessário podem ser criados outros requisitos e ampliadas as exigências para outras tipologias da construção ao longo do tempo.

A norma de desempenho encontra-se atualmente em processo de revisão, e seus requisitos e critérios, entre outros parâmetros, estão sendo atualizados no âmbito de comissões internas. Suas conclusões e propostas de alteração serão amplamente divulgadas, numa segunda etapa, para permitir a discussão pelos produtores, consumidores e neutros, que integram os participantes oficiais, os quais representam os anseios da sociedade brasileira em suas diversas correntes de interesses, no processo corrente de formalização das normas brasileiras, segundo as instruções normativas emanadas pela própria ABNT.

É de fundamental importância esclarecer que a vida útil deve ser entendida como uma referência técnica para os produtos da construção e serve de balizamento para a escolha dos sistemas, tendo em vista a durabilidade pretendida para aquele produto em específico. Não se trata e não deve ser equiparada a prazo de garantia, em nenhuma hipótese.

Além disso, deve-se atentar para outro aspecto fundamental: para que a vida útil seja alcançada, outros fatores externos, que fogem ao controle do construtor, devem ser simultaneamente analisados. São eles:

- a implementação de planos de manutenção – pelo proprietário e pelo usuário;
- os cuidados no uso e na operação dos sistemas e de seus componentes;
- as premissas de projeto devem ser mantidas: as condições climáticas no entorno da edificação e o uso previsto no projeto devem ser preservados.

Outras características importantes também são alavancadas com o advento da norma de desempenho e se referem:

- À incumbência dos intervenientes no processo construtivo, ao esclarecer e destacar o papel fundamental a ser cumprido por cada agente para obter a vida útil das edificações, que deve ser prevista ainda na fase de projeto. Nesse passo, caberá ao proprietário ou aos incorporadores (no caso de condomínio) identificar os riscos previsíveis no entorno da obra, na época do projeto, para que ele seja desenvolvido contemplando essa condição preliminar. Dessa forma, deverão ser elaborados os estudos relativos aos riscos ambientais (enchentes, erosões, vibrações, agressividade do solo, do ar e da água, presença de solos expansíveis, colapsíveis, nível excessivo de ruído externo, entre outras investigações a serem levadas a termo) para subsidiar os projetistas.

* Aos projetistas, tendo em mente a adoção de uma nova e diferenciada metodologia de projetar. Caberá a eles desenvolver seus trabalhos com a indicação do nível de desempenho previsto nessa norma (mínimo, intermediário ou superior), que se diferencia em relação às respectivas exigências. A arte de projetar precisa ser enfrentada pela especificação de sistemas sob a regência e a observância primordial dos ditames previstos nas normas prescritivas, que são citados de forma ampla e abrangente nas seis partes integrantes da norma de desempenho.

  Além disso, o projetista deverá prever as condições de uso e manutenção em relação ao desempenho esperado do edifício e à premissas predefinidas, considerando os custos compatíveis com o desempenho.

  Eventuais erros de concepção ou de cálculo tornam o projetista responsável pelos danos resultantes. Perante o proprietário ou dono da obra, responderá sempre o construtor, com direito a chamar à lide quem elaborou o projeto ou efetuou os cálculos, desde que os defeitos tenham origem nas deficiências decorrentes dos projetos elaborados pelos profissionais responsáveis. Se, além do projetista e do construtor, houver ainda um fiscal ou consultor, a quem o proprietário confiou o acompanhamento dos trabalhos, para confronto do projeto com sua execução, estes responderão, solidariamente, pela imperfeição e pelos danos relacionados à solidez e à segurança.

  Registra-se que algumas normas estão desatualizadas e precisam ser revisadas. Além disso, cabe mencionar os conflitos existentes entre códigos de obras, normas e portarias, que precisam ser conciliados e compatibilizados às exigências.

* Aos fabricantes de materiais, que devem divulgar o desempenho dos produtos que constituem os componentes, os elementos ou o próprio subsistema, denominado também sistema, pela nomenclatura da norma de desempenho, e que devem também procurar a difusão padronizada das informações, com destaque para a durabilidade desses materiais. Tais informações são fundamentais e precisam ser aproveitadas pelos projetistas no desenvolvimento de seus projetos, para o atendimento integral dos níveis de desempenho previstos.

  De acordo com o art. 23 do CDC, "a ignorância do fornecedor sobre os vícios de qualidade por inadequação dos produtos e serviços não o exime de responsabilidade". Além disso, segundo o art. 25, § 2°, do mesmo código, "sendo o dano causado por componente ou peça incorporada ao produto ou serviço, são responsáveis solidários seu fabricante, construtor ou importador e o que realizou a incorporação".

* Aos construtores, que devem seguir e atender aos projetos de forma rigorosa e dominar as técnicas construtivas a serem utilizadas nas obras. Também devem atentar para a fixação de prazos de construção compatíveis com o processo construtivo previsto no projeto, incluindo o desenvolvimento de procedimentos executivos e a promoção do treinamento da mão de obra. Nesse passo, a fiscalização de obra deverá ser atuante.
  Dispõe o CDC que os fornecedores de produtos duráveis respondem solidariamente pelos vícios de qualidade ou de quantidade que os tornem impróprios ou inadequados ao consumo a que se destinam, ou lhes diminuam o valor (art. 18), o mesmo ocorrendo com o fornecedor de serviços (art. 20). São impróprios ao uso ou ao consumo os produtos que, por qualquer motivo, se revelem imprestáveis ao fim a que se destinam (art. 18, § 6°, III). Ocorrendo o dano, o defeito é presumido. O construtor só não será responsabilizado se provar que o dano inexiste, ou que decorre de culpa exclusiva do consumidor ou de terceiros (art. 12, § 3°).
  Os construtores devem, ainda, adquirir os materiais e os sistemas sob a ótica do preço, entretanto sem excluir o desempenho do conceito de custo global. Ao mesmo tempo, os produtos especificados nos projetos devem ser regiamente utilizados e aplicados nas obras.
  Além disso, devem disponibilizar ao usuário o manual de uso, operação e manutenção, em conformidade com a NBR 14037 (ABNT, 2011). Esse manual é elaborado pelo construtor e/ou incorporador e entregue ao primeiro usuário, para orientá-lo sobre o correto uso, as condições de operação e a manutenção de seu imóvel. É também denominado manual do proprietário, para as unidades autônomas, e manual do síndico, para as áreas comuns, em caso de condomínio. A obrigação da entrega, antes do incorporador, recai agora sobre o construtor, pois é o principal responsável pelas obrigações decorrentes do ato de construir. A entrega do manual, antes mesmo do CDC, já era prevista na NBR 5671 (ABNT, 1989) (Meirelles, 2005).
* À fase de ocupação da edificação (uso), em que se destacam as ações da manutenção que devem ser exercidas pelo usuário, proprietários e/ou administradores, por meio da elaboração e da implantação de planos de manutenção preventiva e corretiva abrangentes e eficientes, respeitadas as indicações da norma de manutenção (NBR 5674 – ABNT, 2012) e observadas

as informações do manual do síndico ou do proprietário, fornecidos pelo incorporador/construtor (NBR 14037 - ABNT, 2011).

O uso do edifício também deve ser compatibilizado e atender, integralmente, às premissas de projeto. O uso incorreto ou incompatível com o originalmente previsto no projeto original enseja a perda de garantia, além de impor riscos potenciais decorrentes dessa inconformidade.

A gestão da manutenção deve ser desenvolvida de forma profissional, sempre com o imprescindível apoio técnico de profissional habilitado, evitando improvisos e, sempre que possível, com a previsão de indicadores de resultados para o monitoramento, visando-se maximizar os resultados.

O laudo de inspeção predial ajudará os gestores da manutenção predial na formulação ou nos ajustes do plano de manutenção da edificação e fornecerá subsídios eminentemente técnicos para priorização dos reparos e formatação do caixa, visando ao planejamento das ações.

* Aos níveis de desempenho previstos de forma diferenciada na norma de desempenho, a saber: nível mínimo (M), como de ordem compulsória, devendo ser obrigatoriamente atendido; nível intermediário (I) e nível superior (S), com prazos de garantia também diferenciados, estabelecidos em função das necessidades básicas de segurança, saúde, higiene e economia nacional, considerando as possibilidades diversas de agregação de qualidade, a serem definidas caso a caso entre incorporadores, projetistas e usuário, quando aplicável.

  Os prazos diferenciados de garantia inovam em relação aos prazos previstos no Código Civil (CC) e no CDC, portanto devem ser utilizados com cautela pelas partes interessadas e intervenientes do processo. As prescrições do Anexo D da NBR 15575 devem referenciar as adoções dos prazos de garantia em geral, sob pena e risco de gerar prejuízos.

  Destaca-se que, muito embora as indicações desses prazos sejam de caráter informativo, na norma de desempenho eles tendem a ser fixados e acatados, ao longo do tempo, como verdadeiros e utilizados como referência pelo meio jurídico. Note-se que tais prazos são propostos na norma e emanam do meio técnico, sendo respaldados e citados com exclusividade (não existem outros documentos técnicos, tampouco leis e regulamentos, entre outros, que referenciem os prazos de vida útil e garantia para os produtos da construção civil). O próprio Judiciário será esclarecido ao longo do tempo, por exemplo, em relação às questões e aos conceitos que se diferenciam sobre a vida útil dos prazos de garantia. A jurisprudência que virá consolidará os conceitos e norteará as decisões judiciais. A responsabilidade dos peritos (nomeados pelo juiz) e assistentes técnicos (indicados pelas partes) fica evidenciada, para que as partes interessadas não sejam induzidas a erro nos casos de perícias judiciais, como também nas consultorias prestadas pelos especialistas no âmbito extrajudicial. Convém destacar também a utilidade dos trabalhos de auditoria ou de inspeção dos sistemas construtivos em geral como indutores de qualidade ainda numa esfera extrajudicial. Não se pode prescindir, para não favorecer o retrocesso, da necessidade permanente de reavaliação dos parâmetros e dos prazos previstos inicialmente na primeira versão da norma de desempenho. A comissão da ABNT para tratar dessa norma foi reaberta em Setembro de 2018 para estudar aprimoramentos e promover atualizações, aperfeiçoando os critérios de desempenho ora propostos, para a adequação à evolução da realidade econômica nacional, visando precipuamente:

◊ incentivar a evolução tecnológica para melhorar o desempenho e a qualidade, sem aumento de custo, com o consequente desenvolvimento e valorização da engenharia brasileira;
◊ atuar como fator incentivador da construção com qualidade, beneficiando diretamente o consumidor;
◊ balizar a concorrência mais transparente e justa entre as empresas;
◊ favorecer a escolha do consumidor, que saberá antecipadamente o que esperar do produto que vai adquirir e conhecerá previamente as condições e a expectativa de sua durabilidade, assim como estará ciente de que deverá praticar a manutenção às suas próprias expensas, para que essa durabilidade seja alcançada. Tudo isso favorece o bom entendimento e facilita as relações entre o construtor e o consumidor/proprietário, e especialmente pode proteger o usuário de baixa renda.

A Engenharia Diagnóstica, disciplina destinada a preencher essa lacuna no aprimoramento da qualidade predial, proposta pelo engenheiro Tito Lívio Ferreira Gomide e desenvolvida juntamente com os engenheiros Jerônimo Cabral Pereira Fagundes e Marco Antonio Gullo, foi lançada em 2009, durante o I Congresso Cearense de Perícias, através da publicação do livro *Engenharia Diagnóstica em edificações*.

A boa aceitação e repercussão nos meios periciais e jurídicos dessa doutrina são flagrantes, pela disseminação do uso, da linguagem e das ferramentas propostas, especialmente por sua moderna abordagem do tema, que valoriza o perito e as perícias e esclarece a aplicabilidade das ferramentas nas diversas utilizações nas fases do processo construtivo visando à qualidade das construções, desde o âmbito extrajudicial. Citam-se como exemplos da aplicabilidade das ferramentas a auditoria de projetos, a auditoria de procedimentos, a auditoria operacional, a inspeção de obra em andamento, entre outras, que se recomenda que sejam implementadas como "vacina antianomalias". Tais providências podem ser adotadas pelos construtores e incorporadores durante o ciclo da construção civil, conforme a sugestão adiante.

Dessa forma, a Engenharia Diagnóstica deve ser utilizada e implantada em todas as fases do ciclo da construção civil, ou seja, nas fases de planejamento (P), projeto (P), execução (E), conclusão/entrega da obra (E) e uso (U), por meio de vistorias e inspeções, visando à elaboração de relatórios de vistoria, laudos de inspeção, laudos de auditoria, laudos periciais e pareceres técnicos de consultoria, conforme o caso específico e a necessidade do cliente. Para facilitar a visualização do ciclo da construção, foi criado o PPEEU, ilustrado no Cap. 1.

Cabe destacar que, na publicação *Engenharia Diagnóstica em edificações*, propôs-se a auditoria técnica para verificar e atestar, ou não, a existência de não conformidades e a respectiva proposição de ação proativa no processo da indústria imobiliária. Essa proposta baseou-se no preceito de que "quem produz não reúne total isenção para controlar", apresentado pelo professor Ercio Thomaz (2001) em sua obra *Tecnologia, gerenciamento e qualidade na construção*.

O cumprimento das regras de qualidade total, combinado com o atendimento às normas de desempenho, implica a necessidade de uma programação abrangente, que se inicia na concepção preliminar do produto, equivalente à fase do planejamento (P), e adentra na fase do projeto (P), complementada com a fase da execução (E), que engloba a mão de obra e os materiais. A busca pela qualidade total também passa, após a conclusão, pela denominada entrega da obra (E), que constitui um marco para a contagem dos prazos de garantia da obra. Portanto, a qualidade total merece destaque e justifica ser tratada de forma diferenciada no processo da construção, de maneira ampla e abrangendo todas as fases do ciclo. O ciclo da construção finaliza com a fase de uso (U), contemplando a chamada pós-obra, já na fase de uso e manutenção. Dessa forma, o zelo pela qualidade total resta configurada, ao longo das fases do processo construtivo, PPEEU, na Engenharia Diagnóstica, como foi esquematicamente apresentado no Cap. 1. Estudos recentes incorporam a *reabilitação* e a *desconstrução* como ciclos finais complementares.

Além do planejamento esmerado, é necessário avaliar a implantação e o desenvolvimento de cada etapa do processo, recomendando-se adotar os preceitos da Engenharia Diagnóstica como ferramenta para essa avaliação, visando à qualidade total.

Os instrumentos para a obtenção da qualidade predial total estão cada vez mais disponíveis à cadeia produtiva imobiliária, motivo de entusiasmo aos que primam pelo atendimento legal e buscam o constante aprimoramento técnico.

A norma de inspeção predial do Instituto Brasileiro de Avaliações e Perícias de Engenharia (Ibape, 2012) também se configura como exemplo dos raros estudos nacionais visando à verificação e à ação corretiva do ciclo de qualidade, porém com ênfase na fase de manutenção. Citam-se, complementarmente, as diretrizes técnicas de inspeção predial desenvolvidas no âmbito do Instituto de Engenharia (IE, 2013), pela Divisão de Patologia das Construções, coordenada naquela época pelo engenheiro Tito Lívio Ferreira Gomide, como bibliografia referencial para o desenvolvimento de trabalhos que versem sobre inspeção predial.

Outras normas de verificação são necessárias para abranger o restante do ciclo construtivo, ou seja, também as fases de planejamento, projeto e execução, possibilitando visão sistêmica tridimensional (técnica, uso e manutenção) e ação proativa completa do processo construtivo, conforme já abordado. Normas nas áreas de sustentabilidade visando à adequação ambiental estão sendo desenvolvidas, aprimoradas e incorporadas ao processo construtivo, com repercussão e mobilização em nível nacional.

É importante destacar que a própria norma de desempenho estipula a utilização da inspeção predial para a análise do cumprimento dos itens preestabelecidos no projeto e das condições de uso e manutenção do edifício, conforme já informado no Cap. 1.

três

Visão sistêmica tridimensional e análise de risco

A inspeção predial total resulta da aplicação de duas metodologias capitais da Engenharia Diagnóstica, responsáveis por agregar componentes técnicos e objetivos na análise do inspetor predial, precisamente a visão sistêmica tridimensional e a priorização das providências: a primeira analisando as condições construtivas e de uso e os procedimentos de manutenção, e a segunda permitindo a ordenação dos reparos e das adequações necessárias na edificação inspecionada.

3.1 Visão sistêmica tridimensional

A visão sistêmica tridimensional (VST) é uma metodologia de modelagem da análise técnica da edificação que permite analisar todas as variantes que envolvem o desempenho dos elementos edificantes, possibilitando ajustar e introduzir técnicas de manutenção predial a fim de alcançar a qualidade predial total.

Vale transcrever o conceito de inspeção predial até então consagrado pela recente literatura técnica e publicado no livro *Engenharia Diagnóstica em edificações* (Gomide; Fagundes Neto; Gullo, 2015, p. 120), segundo o qual "inspeção predial é a análise das condições técnicas, de uso e de manutenção da edificação, visando orientar a manutenção e a qualidade predial total".

Dessa forma, percebe-se que a análise da qualidade abrange necessariamente as correções construtivas e as condições de uso e manutenção, podendo, assim, ser subdividida conforme mostrado a seguir.

3.1.1 Condição técnica construtiva

Com esse enfoque, a inspeção predial deve assinalar os sistemas e/ou elementos construtivos aparentes de reconhecida baixa qualidade ou em desacordo com as especificações usuais para o uso e o padrão da edificação, assim como eventualmente assinalar as irregularidades técnicas legais aparentes construtivas ou de projeto, em atendimento às normas técnicas e à legislação vigente, tudo visando à análise dos riscos à solidez ou à vida e saúde do usuário, assim como da perda de desempenho ou funcionalidade das instalações.

3.1.2 Condições de uso

Nesse aspecto, a inspeção predial analisa a rotina predial e dos profissionais que operam suas instalações, verificando se as condições de habitabilidade e de ocupação/uso do edifício colocam em risco a segurança e a saúde dos usuários ou podem trazer perda de desempenho ou funcionalidade das instalações, assim como algum acometimento ao meio ambiente.

3.1.3 Procedimentos de manutenção

Os procedimentos de manutenção devem ser analisados sob diversos aspectos, desde a verificação do programa e dos registros (quando existentes) até a análise da operação e seu desempenho.

O programa ou o planejamento da manutenção devem ser tecnicamente analisados sob o aspecto da periodicidade, devendo o engenheiro diagnóstico, dentro de sua especialidade e experiência profissional, analisar a razoabilidade, ou não, das periodicidades aplicadas.

- A análise da operação, por vezes dificultada pela impossibilidade da ciência ou do acompanhamento do processo executivo, deverá ser procedida pelo engenheiro diagnóstico, que deverá empregar sua experiência profissional quanto às boas técnicas executivas na avaliação da razoabilidade dos procedimentos empregados e/ou recomendados.
- Os desempenhos dos sistemas, elementos edificantes e instalações prediais deverão ser analisados de acordo com as condições aparentes de conservação (verificando-se eventuais deteriorações precoces ou anômalas) e as condições de funcionamento e funcionalidade das instalações que compõem a edificação.

3.2 Priorização das providências

Não raramente, a maior dificuldade do engenheiro diagnóstico na inspeção predial é analisar a criticidade ou a prioridade das providências dentro do universo de anomalias e incorreções construtivas passíveis de serem identificadas nas edificações prediais.

Embora também possam ser sugeridas algumas importantes ferramentas capazes de ordenar as prioridades da manutenção predial, como a análise de modo e efeito de falha (FMEA) e o diagrama de Pareto, a ferramenta que mais se adéqua à priorização das providências para a correção das condições construtivas, de uso e de manutenção, na opinião dos autores, é a *matriz GUT* (gravidade, urgência e tendência), de Kepner e Tregoe (1981).

O método GUT baseia-se na ponderação do grau de comprometimento (ou da criticidade) para cada enfoque analisado das incorreções construtivas, para posterior interação matemática entre os enfoques ponderados (pesos dados para cada criticidade). Dessa forma, obtém-se um resultado numérico para cada incorreção técnica, viabilizando a ordenação (ou priorização) das providências para as manutenções corretiva ou preventiva.

A sigla GUT advém da conjunção das iniciais dos três enfoques analisados para as incorreções construtivas, sendo G proveniente do enfoque *gravidade*, U proveniente do enfoque *urgência* e, por fim, T proveniente do enfoque *tendência*.

Cada enfoque apresenta cinco graus de comprometimento (ou níveis de criticidade) a serem ponderados pelo engenheiro diagnóstico, sendo que cada grau representa uma nota (ou peso) previamente estabelecida. Por fim, as três notas decorrentes dos graus ponderados para cada enfoque são somadas ou multiplicadas entre si, obtendo-se um resultado numérico que possibilitará ordenar as incorreções técnicas detectadas na edificação.

Exemplificando o que foi comentado no parágrafo anterior, o Quadro 3.1 ilustra um quadro analítico sugerido para a inspeção predial total, com cinco graduações para os comprometimentos (ou níveis de criticidade) dos enfoques gravidade, urgência e tendência e suas respectivas notas (ou pesos).

Vale salientar que, assim como a visão sistêmica tridimensional, a análise da criticidade depende dos conhecimentos técnicos e práticos do engenheiro diagnóstico, conhecimentos esses imprescindíveis na ponderação do grau de comprometimento.

Objetivando exemplificar a forma de uso do quadro analítico criado para a inspeção predial total, os Quadros 3.2 a 3.4 demonstram os resultados das análises de irregularidades construtivas verificadas numa inspeção hipotética, mais especificamente de desgaste do piso cerâmico, descolamento em placa do revestimento da fachada e infiltração de água pela laje.

Coletando-se os resultados das três ordenações apuradas para os itens analisados na hipotética inspeção predial, obtém-se a ordem de priorização mostrada no Quadro 3.5. Considera-se, portanto, que a primeira providência reparativa a ser tomada deverá atender ao item 2 inspecionado (descolamento em placa do revestimento da fachada).

Quadro 3.1 Classificação dos graus de comprometimento da matriz GUT

Grau	Nota	Gravidade	Urgência	Tendência
Máximo	10	Risco à vida dos usuários, colapso da edificação, dano ambiental grave	Evolução imediata	Em ocorrência
Alto	8	Risco de ferimentos aos usuários, avaria não recuperável na edificação, contaminação localizada	Evolução a curto prazo	A ocorrer
Médio	6	Insalubridade aos usuários, deterioração elevada da edificação, desperdício dos recursos naturais	Evolução a médio prazo	Prognóstico para breve
Baixo	3	Incômodo aos usuários, degradação da edificação, uso não racional dos recursos naturais	Evolução a longo prazo	Prognóstico para adiante
Mínimo	1	Depreciação imobiliária	Não evoluirá	Imprevisto

Quadro 3.2 Classificação do grau de comprometimento do desgaste do piso cerâmico numa inspeção hipotética

Item 1		**Descrição:** desgaste do piso cerâmico		
Ordenação	**90**	3	3	10
Grau	**Nota**	**Gravidade**	**Urgência**	**Tendência**
Máximo	10	Risco à vida dos usuários, colapso da edificação, dano ambiental grave	Evolução imediata	Em ocorrência
Alto	8	Risco de ferimentos aos usuários, avaria não recuperável na edificação, contaminação localizada	Evolução a curto prazo	A ocorrer

Quadro 3.2 (continuação)

Item 1		Descrição: desgaste do piso cerâmico		
Ordenação	**90**	3	3	10
Grau	**Nota**	**Gravidade**	**Urgência**	**Tendência**
Médio	6	Insalubridade aos usuários, deterioração elevada da edificação, desperdício dos recursos naturais	Evolução a médio prazo	Prognóstico para breve
Baixo	3	Incômodo aos usuários, degradação da edificação, uso não racional dos recursos naturais	Evolução a longo prazo	Prognóstico para adiante
Mínimo	1	Depreciação imobiliária	Não evoluirá	Imprevisto

Quadro 3.3 Classificação do grau de comprometimento do descolamento do revestimento da fachada numa inspeção hipotética

Item 2		Descrição: descolamento em placa do revestimento da fachada		
Ordenação	**640**	10	8	8
Grau	**Nota**	**Gravidade**	**Urgência**	**Tendência**
Máximo	10	Risco à vida dos usuários, colapso da edificação, dano ambiental grave	Evolução imediata	Em ocorrência
Alto	8	Risco de ferimentos aos usuários, avaria não recuperável na edificação, contaminação localizada	Evolução a curto prazo	A ocorrer
Médio	6	Insalubridade aos usuários, deterioração elevada da edificação, desperdício dos recursos naturais	Evolução a médio prazo	Prognóstico para breve
Baixo	3	Incômodo aos usuários, degradação da edificação, uso não racional dos recursos naturais	Evolução a longo prazo	Prognóstico para adiante
Mínimo	1	Depreciação imobiliária	Não evoluirá	Imprevisto

Quadro 3.4 Classificação do grau de comprometimento da infiltração de água pela laje numa inspeção hipotética

Item 3		**Descrição:** infiltração de água pela laje		
Ordenação	**180**	6	3	10
Grau	**Nota**	**Gravidade**	**Urgência**	**Tendência**
Máximo	10	Risco à vida dos usuários, colapso da edificação, dano ambiental grave	Evolução imediata	Em ocorrência
Alto	8	Risco de ferimentos aos usuários, avaria não recuperável na edificação, contaminação localizada	Evolução a curto prazo	A ocorrer
Médio	6	Insalubridade aos usuários, deterioração elevada da edificação, desperdício dos recursos naturais	Evolução a médio prazo	Prognóstico para breve
Baixo	3	Incômodo aos usuários, degradação da edificação, uso não racional dos recursos naturais	Evolução a longo prazo	Prognóstico para adiante
Mínimo	1	Depreciação imobiliária	Não evoluirá	Imprevisto

Quadro 3.5 Ordem de priorização das manifestações patológicas prediais

Ordem de priorização	**Número de ordenação**	**Item**	**Descrição**
1º	640	2	Descolamento em placa do revestimento da fachada
2º	180	3	Infiltração de água pela laje
3º	90	1	Desgaste do piso cerâmico

quatro

MANUTENÇÃO PREDIAL

A atividade associada à manutenção predial é tratada pelas prescrições propostas na NBR 5674 (ABNT, 2012), mas o que se observa na prática é que poucos edifícios possuem esse tipo de serviço implantado em conformidade com o referido diploma técnico, em detrimento da durabilidade das edificações.

De acordo com a NBR 15575-1 (ABNT, 2013 p.7), a *durabilidade* é definida como a "capacidade da edificação ou de seus sistemas de desempenhar suas funções, ao longo do tempo e sob condições de uso e manutenção especificadas".

Outros termos associados e correlatos ao desenvolvimento do sistema de manutenção das edificações podem ser citados e são de grande utilidade para o entendimento da terminologia vigente, como os que seguem, cujas definições são referenciadas na NBR 15575-1, a saber:

> *Inspeção predial de uso e manutenção*
> Verificação, através de metodologia técnica, das condições de uso e de manutenção preventiva e corretiva da edificação.
>
> *Manual de operação, uso e manutenção*
> Documento que reúne apropriadamente todas as informações necessárias para orientar as atividades de operação, uso e manutenção da edificação.
> *Nota*: Também conhecido como manual do proprietário, quando aplicado para as unidades autônomas, e manual das áreas comuns ou manual do síndico, quando aplicado para as áreas de uso comum.

> *Manutenção*
> Conjunto de atividades a serem realizadas ao longo da vida total da edificação para conservar ou recuperar a sua capacidade funcional e de seus sistemas constituintes de atender as necessidades e segurança dos seus usuários.
>
> *Manutenibilidade*
> Grau de facilidade de um sistema, elemento ou componente de ser mantido ou recolocado no estado no qual possa executar suas funções requeridas, sob condições de uso especificadas, quando a manutenção é executada sob condições determinadas, procedimentos e meios prescritos. (ABNT, 2013, p.8).

Destacam-se a importância e a necessidade da abordagem dos custos da manutenção e os aspectos legais que contemplam a desídia, quando não é registrada a adoção prática de um plano de manutenção nas edificações.

Sob essa ótica, é importante frisar que muitos acidentes também são decorrentes da falta de manutenção, devendo-se reportar ao art. 186 do Código Civil, que pode ser aplicável ao síndico, por desídia na administração condominial, sob sua gestão, ou seja: "aquele que, por ação ou omissão voluntária, negligência ou imprudência, violar direito e causar dano a outrem, ainda que exclusivamente moral, comete ato ilícito".

Além disso, cabe ressaltar o estabelecido pelo item V do art. 1.348 do Código Civil, que consigna ser da competência do síndico diligenciar a conservação e a guarda das partes comuns e zelar pela prestação dos serviços que interessem aos possuidores, ou seja, é sua responsabilidade conservar o condomínio em boas condições de segurança, proteção, salubridade e conforto.

Também há regras do Código de Defesa do Consumidor, como o item VIII do art. 39, que, de forma resumida, proíbe a prestação de serviços em desacordo com as normas da ABNT, ou seja, torna obrigatório o cumprimento da NBR 5674 pelos proprietários e usuários.

E, no capítulo acerca das lesões corporais, o art. 129 do Código Penal é claro no que tange a ofender a integridade corporal ou a saúde de outrem, com pena variando de três meses a 12 anos de detenção. Por sua vez, no capítulo sobre a periclitação da vida e da saúde, o art. 132 dispõe que "expor a vida ou a saúde de outrem a perigo direto e iminente pode gerar pena de três meses a um ano de detenção". Dessa forma, para se resguardar, é prudente que o síndico contrate empresas especializadas de Engenharia ou de Arquitetura, ou ainda que os funcionários trabalhem sob a supervisão de um profissional capacitado, para a realização de serviços ou obras de manutenção ou reforma. Como precaução, a comprovação da regularidade técnica dos profissionais deve ser exigida, pelo fornecimento da anotação de responsabilidade técnica (ART) ou do registro de responsabilidade técnica (RRT) dos trabalhos técnicos desenvolvidos. Além disso, deve-se exigir a disponibilização da documentação de registro formal dos funcionários.

Essas obrigações legais deveriam ser destacadas, especialmente nos manuais de uso, operação e manutenção disponibilizados pelos construtores e/ou incorporadores visando à maior conscientização sobre a importância da manutenção predial.

Ao mesmo tempo, é importante consignar que a previsão de custos de manutenção anuais, estabelecidos entre 1% e 2% do custo de reposição dos edifícios, deve ser reservada para a manutenção das edificações. Os percentuais tendem a ser incrementados à medida que a vida útil (VU) é exaurida, exigindo investimentos suplementares para essa previsão.

Na sequência, apresenta-se a Tab. 4.1, com o resumo dos custos de manutenção anuais, expressos percentualmente em relação ao custo de reposição dos edifícios, coletados em diversas fontes bibliográficas.

Tab. 4.1 Resumo indicativo dos custos de manutenção anuais, expressos percentualmente em relação ao custo de reposição dos edifícios

Custo de manutenção (%)	País	Fonte	Tipo de edifício
1,5	Inglaterra	Stone	Geral
0,7 a 1,0	Austrália	Bromilow	Geral
1,76	Canadá	Steel	Edifícios de *campus* de pesquisa
1,0 a 2,0	EUA	Steel	Universidades
0,85	EUA	Steel	Edifícios de escritórios
0,45 a 1,4	Espanha	Abad	Correios e telecomunicações
2,4	Brasil	Sobral	Serviço de saúde
2,7	Brasil	Sobral	Ensino

Fonte: John (1987 apud Nour, 2003).

Vale resgatar o panorama associado às condições da manutenção predial nas edificações em geral no Brasil, que ainda prevalecem sem alterações substanciais, nas quais é possível constatar que (Gomide; Pujadas; Fagundes Neto, 2006):

* 98% dos empreendimentos vistoriados não possuem programa de manutenção nas instalações civis.

  Tal prática pode ser equiparada a uma ação negligente, pois prejudica a durabilidade das edificações. Dessa forma, a degradação precoce dos sistemas sobrevirá e a vida útil de projeto (VUP) não será atingida. Note-se que a ação da manutenção recupera o desempenho e maximiza a vida útil dos sistemas.

* 100% desses empreendimentos não adaptam seus planos de manutenção em função da idade das instalações, da quantidade de horas de funcionamento de seus componentes e equipamentos, do estado de conservação existente e dos desempenhos.

  À medida que o tempo avança e os sistemas atingem uma idade mais próxima à vida útil prevista de projeto, as intervenções de manutenção tendem a ser mais dispendiosas. Tal condição precisa ser equacionada para que possa balizar a necessidade de substituição ou troca do sistema e alimentar a conta (investimento) do proprietário, uma vez que, atingido o decurso da vida útil, nenhuma ação de manutenção poderá repercutir ou recuperar o desempenho. Nesse caso, a necessidade da troca do sistema prevalece.

* Há falta ou deficiência de procedimentos e rotinas de manutenção, sem reavaliação e análise dos planos implantados.

  O aprendizado com os erros praticados e a implementação de melhorias contínuas precisam ser exercidos no processo e podem constituir a diferença entre a minimização dos custos de manutenção, aliada ao prolongamento da vida útil do sistema, e o desperdício de insumos e de recursos, que gera retrabalhos e prejuízos, além do risco premente de prejudicar o desempenho. Além disso, as informações sobre procedimento, periodicidade de intervenção e tipologia da contratação no que se refere à qualificação técnica da empresa ou do profissional a contratar podem resultar na diferença entre uma intervenção eficiente e uma intervenção danosa. Dessa forma, a alocação de recurso se dará com economia e bons resultados ao proprietário ou ao condomínio.

  A inspeção predial apresenta-se como a ferramenta adequada para identificar e corrigir essa distorção.

* Há falta de histórico e registro dos procedimentos e atividades de manutenção, bem como sobre o desempenho e rendimento das instalações e sistemas em geral, causando deficiências na gestão de informações e prejudicando análises dos planos de manutenção quanto à revisão desses procedimentos e à validação deles perante ganho de desempenho e outras características.

  Os registros devem ser realizados e a análise crítica dos resultados deve ser incentivada, com foco na implementação de melhorias contínuas.

  O arquivo das informações é obrigatório. O registro histórico também deve ser implantado para que possa ser resgatado sempre que necessário, incluída a evolução ou alterações eventuais na própria edificação, nos procedimentos ou sua periodicidade, para possibilitar a efetivação das correções e dos ajustes citados no item anterior, ao longo do tempo, ou mesmo a apuração de responsabilidades envolvidas.

Para tanto, é necessária a previsão de espaço físico e condições de arquivamento. Ressalta-se a aplicabilidade da ferramenta "inspeção predial", que pode favorecer a coleta de informações e auxiliar na elaboração dos citados registros, além de identificar eventuais alterações para atender às solicitações e reclamações dos usuários, subsidiando os gestores da manutenção na necessária e salutar revisão periódica do programa de manutenção, e, assim, atender aos anseios dos usuários, levando, enfim, à evolução da edificação ao longo do tempo.

É importante destacar a necessidade da transferência formal da documentação e dos registros da edificação em caso de mudança da administração ou sucessão de síndico, também para resguardar responsabilidades.

* Há pouco uso dos parâmetros dos fabricantes dos equipamentos para a composição dos procedimentos e das rotinas da manutenção.

  Os fabricantes em geral, não só dos equipamentos, precisam investir no aprimoramento dos manuais técnicos em relação ao fornecimento ou ao detalhamento das informações sobre desempenho e durabilidade de seus produtos. Em casos de omissão desse tipo, tudo indica que os projetistas poderão evitar a prescrição de tais produtos pelo flagrante desconhecimento de seu funcionamento em uso. Até mesmo os construtores prevenidos poderão evitar e exigir dos projetistas a utilização de produtos com garantia potencial de desempenho, como forma de prevenir riscos e evitar indenizações futuras, decorrentes da *performance* duvidosa de produtos que eventualmente omitem informações técnicas.

  A NBR 15575 prescreve que a classificação dos empreendimentos habitacionais e o respectivo enquadramento nos níveis mínimo (M), intermediário (I) ou superior (S) recaem sobre o projetista. Dessa forma, ele deve conhecer as características técnicas dos produtos para poder adotá-los em seus projetos em função do desempenho previsto para o empreendimento.

* Há falta ou deficiência dos mecanismos de controle dos planos de manutenção, pois não há uma medição real do ganho de desempenho e vida útil das instalações diante das atividades praticadas, o que poderia viabilizar investimentos no setor, caso fossem comprovados o bom retorno e o controle da depreciação das instalações.

Evidencia-se a necessidade de buscar o custo global otimizado, que proporcionará o equacionamento do custo de produção do produto imobiliário diante do custo de manutenção. Os valores deverão ser projetados pelo construtor e pelo incorporador, os quais buscarão o equilíbrio entre os custos citados, que precisam ser divulgados. Dessa forma, o cliente será informado, antecipadamente, do montante que lhe caberá na fase pós-obra, durante o uso regular do imóvel, referente à parcela que remonta ao denominado custo de manutenção. Essa relação de transparência tenderá a maximizar a credibilidade do construtor ou do incorporador junto do usuário ou do proprietário.

Ao mesmo tempo, na fase de uso do imóvel propriamente dita, caberá ao responsável pela manutenção buscar o menor custo dessa atividade, visando, em contrapartida, validar a necessidade do investimento na manutenção. Tal prática poderá proporcionar um ganho ou incremento na vida útil, representado pela vida útil residual que será acrescida ao produto, além de manter o valor patrimonial do bem imóvel em níveis aceitáveis.

A inspeção predial também pode auxiliar na implantação dos programas de manutenção ao apresentar diretrizes de solução, além de auxiliar nos aspectos práticos ao fornecer subsídios para a formulação mais enxuta da previsão de custos e favorecer a coleta de recursos para o investimento, de forma programada, ao longo do tempo.

- Existem contratações inadequadas ou não aderentes à realidade operacional.

  Os custos de operação também alimentam a equação do custo global, de modo que os parâmetros de contratação devem ser formalizados para viabilizar e consolidar esse importante componente do custo global.

- Há falta ou deficiência na composição de matrizes de responsabilidade para a execução de tarefas de manutenção perante os contratados e as empresas terceirizadas.

  Destacam-se a necessidade de aplicar práticas de gerenciamento e a profissionalização das atividades, citando-se como exemplo a implantação, na administração e no controle dos serviços, das diretrizes do ciclo PDCA.

  Os profissionais habilitados e treinados no âmbito da Engenharia Diagnóstica estarão em evidência, pela visão tríplice necessária à boa gestão patrimonial, pois saberão direcionar a vertente técnica, tão necessária a uma boa gestão condominial, de forma a permitir o planejamento prévio das ações da manutenção, para a boa condução dos programas de manutenção e reforma nas edificações.

- Usam-se indicadores de *performance* para medir a eficiência da manutenção que podem não refletir a realidade operacional. Por exemplo: uso de índice percentual para medir o número de ordens de serviço de manutenção preventiva como taxa de sucesso do programa e da gestão da manutenção.

  A qualidade do serviço de manutenção deve ser avaliada segundo a metodologia a ser proposta, baseada em determinado indicador que tenha aderência com o propósito da aferição.

  Os controles, as regras e as verificações devem ser previamente definidos, para que as atividades propostas possam ser analisadas e comparadas com os parâmetros preestabelecidos, de modo que se consolidem em ferramentas para o aprimoramento dos serviços. A análise deve primar pela qualidade na prestação de serviço e possibilitar, ao mesmo tempo, correções de rumo e de metas. Ferramenta auxiliar para a análise dos indicadores da gestão, o laudo de inspeção predial, além de apontar as irregularidades construtivas, norteia os gestores prediais no planejamento das manutenções ou das reformas prediais.
- As equipes são reduzidas.

  O dimensionamento deficiente de equipe pode dificultar a correção de problemas que necessitem de intervenção imediata, no caso de manutenção corretiva, ou que possam prejudicar o funcionamento de sistemas e, em suma, do edifício. Em contrapartida, pode representar incrementos indesejáveis de custos, quando a equipe for superdimensionada, pela deficiência de planejamento.

  A inspeção predial pode colaborar na proposta de solução para esse problema de gerenciamento.
- Há falta de acompanhamento de custos e investimentos em manutenção.

  O funcionamento e o gerenciamento deficiente da manutenção podem contribuir para a desvalorização imobiliária dos empreendimentos. A contrapartida atua no sentido inverso e contribui, no mínimo, com a manutenção do nível de valorização imobiliária ou com a agregação de valor, especialmente quando associada à preservação da integridade física do bem ou quando contempla aspectos de modernização que extrapolam as questões inerentes à própria manutenção do imóvel.

  A manutenção do valor do imóvel deve ser passível de medição. O tipo de valor deve ser estabelecido – por exemplo: equivalente ao valor patrimonial. Reitera-se que a perda de desempenho precoce dos sistemas, ou das edificações em geral, acarreta a perda do valor patrimonial dos empreendimentos.

* Pouco se verifica se os investimentos efetuados em manutenção possuem coerência com o tipo de instalação, idade e estado de conservação existente. A inspeção predial pode colaborar com a identificação de eventual mudança da necessidade dos usuários e colaborar, inclusive, além do auxílio às diretrizes para subsidiar as previsões de investimentos, na proposta de *retrofit* do imóvel (remodelação ou atualização do edifício ou de sistemas por meio da incorporação de novas tecnologias e conceitos, normalmente visando a valorização do imóvel, mudança de uso, aumento da vida útil e eficiência operacional e energética).

4.1 CONSIDERAÇÕES SOBRE O CUSTO GLOBAL DAS CONSTRUÇÕES

É importante observar que a durabilidade de um edifício e de suas partes está diretamente associada à durabilidade dos materiais e dos componentes utilizados em sua construção. A interação desses componentes, que integram os elementos, os quais por sua vez constituem os sistemas como um todo, resulta na durabilidade do produto final, ou seja, no bom funcionamento em uso do produto imobiliário ou da edificação.

Reitera-se que as condições de durabilidade devem ser fixadas ainda na fase do projeto – fase (P) do processo construtivo –, ressaltando-se que a definição dos níveis é resultante direta dos seguintes pressupostos:

1. Das *condições de exposição* às quais a edificação está submetida, atreladas às condições do entorno, que devem ser investigadas previamente, determinadas como subsídios fornecidos pelo incorporador ao projetista.

   O registro das condições ambientais é de fundamental importância, uma vez que estarão caracterizados os agentes de degradação aos quais a edificação em estudo se submeterá naquela ocasião, cujos parâmetros serão adotados como premissas de projeto.

   Tais condições podem ser alteradas no decorrer do tempo, por exemplo, pelas modificações climáticas, pelo incremento da poluição atmosférica mais atuante, que pode advir da melhoria da malha urbana e do afluxo de veículos que podem incidir em determinada região, e pelo advento do progresso e da expansão urbana, especialmente nas grandes cidades.
2. Do *uso compatível* com o que foi preestabelecido, também determinado no citado projeto.

   As condições de uso, se alteradas no decorrer da vida útil da edificação, trazem consequências, por exemplo, de ordem estrutural, em relação às cargas e às solicitações previstas originalmente no projeto, e podem ser impostas por eventual uso indevido ou ainda pela mudança de uso. Do ponto de vista das instalações elétricas, a sobrecarga advinda do aumento de carga delas deve ser evitada, sob pena de aumento potencial de risco de acidentes.

3. Das *ações de manutenção* realizadas. A manutenção tem a capacidade de recuperar o desempenho ao longo da vida útil, conforme já sinalizado.
   Tais ações incorporam o conjunto das atividades que se realiza nos componentes, elementos e equipamentos de um edifício com o objetivo de manter seu desempenho funcional ou de suas partes dentro de níveis aceitáveis, a um custo compensador.

Não é objetivo do presente trabalho esmiuçar as diferentes classificações da manutenção abordadas por outros autores em publicações que enfocam a matéria. Reitera-se que as condições de durabilidade previstas para a edificação devem ser estabelecidas *a priori* para esquematizar e favorecer a formalização do processo de produção do projeto.

Tecnicamente, entre uma infinidade de materiais passíveis de utilização, é possível selecionar patamares de durabilidade diferenciados para os diversos sistemas que integram a edificação, em função da vida útil diferenciada e do nível de desempenho previsto para a edificação, este em consonância com os níveis mínimo (M), intermediário (I) e superior (S) estabelecidos na citada norma de desempenho. Pode-se citar, como exemplo, a vida útil de uma impermeabilização que pode ser estabelecida em um patamar de 20 anos, sem manutenção, e outro sistema que não dura mais que cinco anos, por decurso de vida útil.

Evidencia-se que as soluções têm custo e desempenho também diferenciados ao longo do tempo. Para uma obra concebida como provisória ou para a qual se tenha considerado previamente que a impermeabilização pudesse ser substituída facilmente, em comum acordo com o usuário, o projetista pode estabelecer uma menor vida útil. Por consequência, tal solução contemplará uma solução técnica com previsão de menor custo inicial e a correspondente escolha de um produto de menor durabilidade como aplicável a essa opção.

O conceito de *custo global* deve ser corroborado para que o produto seja produzido a um custo compatível com a vida útil, visando coibir uma possível tendência do construtor a produzir edifícios com menor custo inicial, porém com maior custo de manutenção.

Existe uma intuição natural em admitir que, em uma edificação concluída, cessam os custos incorridos para sua materialização. Ao mesmo tempo, não se pode olvidar que a edificação sob a ação do uso deverá ter seus sistemas colocados em operação e necessitará passar por serviços de manutenção previstos durante sua vida útil, a fim de assegurar o desempenho previsto no projeto.

Dessa forma, surgem os novos custos, demandados de forma periódica, ligados essencialmente às características do projeto (materiais e elementos utilizados) e também associados às ações de manutenção, que são necessárias e devem ser previstas no projeto (NBR 15575-1).

As manutenções corretivas devem ser planejadas antecipadamente, embasadas nas informações sobre a vida útil dos sistemas, elementos e componentes. A eventual deficiência de manutenção preventiva pode suscitar uma manutenção corretiva não planejada, onerando os proprietários com desembolsos emergenciais e de maior custo.

Do mesmo modo, em relação aos custos globais das edificações, devem ser considerados, além dos custos iniciais do processo construtivo, adicionados aos custos de construção, também os custos decorrentes de operação e de manutenção dos edifícios e suas partes.

Portanto, o custo global do edifício, diga-se de passagem, não inclui o custo do terreno, constituindo-se na somatória dos custos de projeto com os custos de construção e os custos de operação, mais os custos de manutenção e os custos da desconstrução.

O conceito fundamental evidenciado pelas instruções contidas na norma de desempenho é que a vida útil pode ser prolongada através de ações de manutenção. Esse comportamento é esquematicamente representado na Fig. 4.1.

Concomitantemente, caberá ao projetista, na fase construtiva correspondente ao projeto (P), além da definição da VUP, também determinar, explicitamente, as ações de manutenção que deverão ser realizadas para permitir que a VUP seja atingida, estabelecendo os procedimentos e sua periodicidade correspondente. Nesse caso, caberá ao proprietário, já na fase de uso do processo construtivo (U), também denominada fase pós-obra ou fase de ocupação, realizá-las integralmente, sob risco de a VUP não ser atingida.

Ainda de acordo com a NBR 15575-1:

> O estabelecimento da VU é, conceitualmente, resultado do processo de otimização do custo global. O sistema de menor custo global não é normalmente o de menor custo inicial nem o de maior durabilidade; é um dos sistemas intermediários. O ideal do ponto de vista da sociedade é a otimização destes dois conceitos conflitantes, isto é, deve-se procurar estabelecer a melhor relação custo × benefício. Atualmente, sem que o usuário tenha se conscientizado de suas escolhas, a opção por construções de menor custo, mas menos duráveis, está necessariamente transferindo o ônus desta escolha para as gerações futuras.

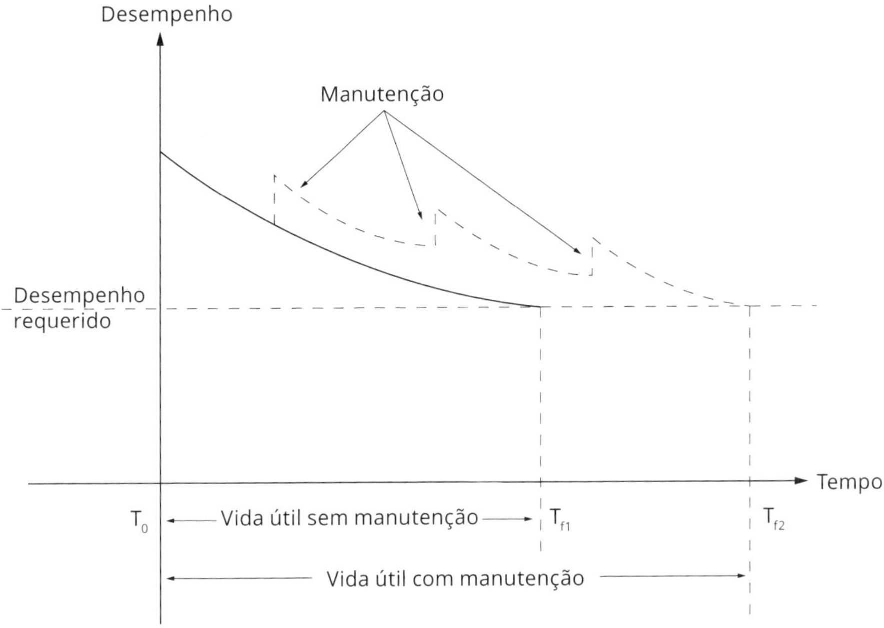

Fig. 4.1 *Desempenho ao longo do tempo*
Fonte: ABNT (2013b).

> O usuário de uma edificação tem limitações econômicas no momento de sua aquisição, mas pode não tê-las no futuro. Então, em princípio, pode optar por uma menor VUP em troca de um menor investimento inicial, mas esta escolha tem um limite inferior, abaixo do qual não é aceitável do ponto de vista social, pois esta situação impõe custos exagerados de reposição no futuro para toda sociedade. Assim, considerando-se tanto as limitações de recursos da sociedade de investimento na infraestrutura habitacional do país, quanto as necessidades de proteção básica do usuário, é que se estabelece nesta Norma o conceito de $VUP_{mínima}$.
> [...] Uma VUP além do mínimo se justifica, neste momento, por diversas razões:
> - como um balizador do que é possível de ser tecnicamente obtido;
> - como estímulo à concorrência e à competição no mercado empreendedor;
> - para caracterizar que existe a opção pela minimização de custos de operação e manutenção ao longo do tempo através de uma VUP maior;
> - para induzir o mercado a buscar soluções de melhor custo-benefício além das que atendam à VUP mínima. (ABNT, 2013b, Anexo C).

A vida útil do edifício pode não se encerrar quando o edifício ou uma de suas partes alcança o nível mínimo de desempenho. A atividade de manutenção, além de propiciar o bom desempenho dos sistemas, pode garantir, inclusive, o aumento da vida útil e, de certa forma, auxiliar na recuperação de desempenhos ou aspectos funcionais.

É possível uma intervenção técnica para aumentar sua vida útil através da denominada *recuperação*, que é mostrada na Fig. 4.2. A recuperação se dá por meio de um aporte de recurso adicional que extrapola a ação de manutenção regular, equiparando-se a uma reforma mais aprofundada, eventualmente um *retrofit*.

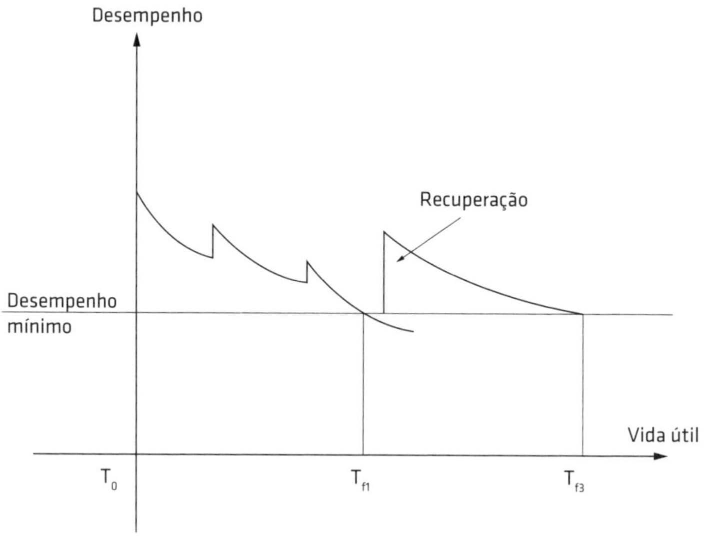

Fig. 4.2 *Desempenho ao longo do tempo com ação de recuperação*
Fonte: Sabbatini (2010).

O estabelecimento da VUP do edifício habitacional, quando feito de comum acordo entre os empreendedores e os projetistas e também os usuários, quando for o caso, ainda na fase de concepção do projeto, propicia seu cumprimento.

Porém, para que a VUP possa ser atingida, é necessário que sejam atendidos simultaneamente todos os seguintes aspectos, ainda de acordo com a NBR 15575-1:

a. emprego de componentes e materiais de qualidade compatível com a VUP;
b. execução com técnicas e métodos que possibilitem a obtenção da VUP;

c. cumprimento em sua totalidade dos programas de manutenção corretiva e preventiva;
d. atendimento aos cuidados preestabelecidos para se fazer um uso correto do edifício;
e. utilização do edifício em concordância ao que foi previsto em projeto. (ABNT, 2013b, Anexo C).

Ressalta-se que os aspectos previstos em "a" e "b" são essenciais para que o edifício construído tenha potencial de atender integralmente à VUP, e sua implementação depende do construtor.

Os itens "c", "d" e "e" são essenciais para que se atinja efetivamente a VUP e dependem exclusivamente dos usuários, nos moldes da NBR 5674. No entanto, para que possam ser cumpridos, é fundamental que estejam informados no manual de uso, operação e manutenção do edifício, a ser entregue pelo empreendedor aos usuários, em consonância com a NBR 14037 (ABNT, 2011).

Note-se que a valorização da edificação é diretamente proporcional à ação de manutenção implantada para o edifício, que poderá "perder valor" e, em último caso, "perder a garantia", se houver omissão do proprietário, que é o responsável direto pela implementação das ações de manutenção. Também deve ser frisado que, indiretamente, caberá ao usuário-morador, quando não for o proprietário, responder pela manutenção.

Destaca-se que a definição da VUP é realizada pelo projetista de arquitetura e especificada em projeto para cada um dos sistemas. As referências estão fixadas na Tab. 4.2. Convém que tais parâmetros sejam adotados como sendo VUPs mínimas admissíveis. A VUP das partes do edifício não contempladas na tabela devem ser estabelecidas pelos projetistas.

Tab. 4.2 Vida útil de projeto (VUP)

Sistema	VUP mínima em anos
Estrutura	≥ 50 Conforme ABNT NBR 8681
Pisos internos	≥ 13
Vedação vertical externa	≥ 40
Vedação vertical interna	≥ 20
Cobertura	≥ 20
Hidrossanitário	≥ 20

Fonte: ABNT (2013b).

Convém ainda que os fabricantes de componentes a serem empregados na construção desenvolvam produtos que atendam, pelo menos, à VUP mínima obrigatória e informem em documentação técnica específica as recomendações para manutenção corretiva e preventiva, contribuindo para que a VUP seja atingida.

Aos usuários incumbe realizar os programas de manutenção segundo a NBR 5674, considerando as instruções do manual de uso, operação e manutenção e as recomendações técnicas das inspeções prediais.

A inspeção predial, além de fornecer subsídios para orientar o plano e os programas de manutenção, através das recomendações técnicas indicadas no documento ou laudo de inspeção predial, configura-se como ferramenta útil para verificar as condições de conservação das edificações em geral, proposta prevista pela NBR 15575, para que se possa abalizar se:

* os procedimentos de manutenção adotados são insuficientes; ou
* os procedimentos de manutenção são inexistentes.

4.2 NBR 5674

A norma em questão é o único texto normativo que contempla os procedimentos que tratam do controle e da avaliação da qualidade de um sistema de manutenção aplicável às edificações.

Sua última versão apresentou diretrizes particulares em seus anexos informativos, precisamente algumas periodicidades de inspeções ou verificações distinguidas por sistemas construtivos que, embora não normativas e passíveis de ajustes, favoreceram sua aplicação, já que se trata de uma norma de procedimentos.

A norma em pauta apresenta os seguintes itens:

Prefácio
Introdução
1 Escopo
2 Referências normativas
3 Termos e definições
4 Requisitos para a manutenção
5 Requisitos para o planejamento anual das atividades
6 Requisitos para o controle do processo de manutenção
7 Requisitos para a documentação
8 Incumbências ou engargos
Anexos
Anexo A (informativo) Modelo para elaboração do programa de manutenção preventiva
Anexo B (informativo) Modelo para elaboração do programa de manutenção preventiva
Anexo C (informativo) Modelos de verificações e seus registros

Na sequência, serão destacados alguns itens considerados mais importantes, especificamente o item 7 da versão de 2012, com os comentários devidos quando pertinentes.

> *7 Requisitos para a documentação*
>
> *7.1 Generalidades*
>
> A estrutura de documentação e registro de informações deve ser concebida para propiciar evidências da gestão do programa da manutenção, custo × benefício na realização dos serviços de manutenção, redução da incerteza no planejamento, projeto e execução dos serviços de manutenção e auxílio no programa e no planejamento de serviços futuros.
>
> A documentação do programa de manutenção deve incluir:
>
> a. manual de uso, operação e manutenção das edificações conforme ABNT NBR 14037;
> b. manual dos fornecedores dos equipamentos e serviços;
> c. programa de manutenção;
> d. planejamento da manutenção contendo o previsto e o efetivo, tanto do ponto de vista cronológico quanto financeiro;
> e. contratos firmados;
> f. catálogos, memoriais executivos, projetos, desenhos, procedimentos executivos dos serviços de manutenção e propostas técnicas;
> g. relatório de inspeção;
> h. documentos mencionados na ABNT NBR 14037:2011, Anexo A, em que devem constar a qualificação do responsável e os comprovantes da renovação;
> i. registros de serviços de manutenção realizados;
> j. ata das reuniões de assuntos afetos à manutenção;
> k. documentos de atribuição de responsabilidade de serviços técnicos.
>
> *7.2 Fluxo da documentação*
>
> O condomínio deve dispor de um fluxo, escrito e aprovado, de documentação.
>
> Esta Norma recomenda que sejam seguidas as fases indicadas na Figura 1.
>
> As deliberações referentes à documentação descrita na Figura 1 devem constar na ata do condomínio.
>
> *7.3 Registros*
>
> Devem ser mantidos registros legíveis e disponíveis para prover evidências da efetiva implementação do programa de manutenção, do planejamento, das inspeções e da efetiva realização das manutenções.

a. Exemplo de registros de contratação: proposta, mapa de cotação, contratos, e-mails, ordens de serviço
b. Exemplos de registros de execução: laudos, ART, termo de garantia, instrução de manutenção

Fig. 1 - Fluxo da documentação

Recomenda-se que cada registro contenha:
a. identificação;
b. funções dos responsáveis pela coleta dos dados que compõem o registro;
c. estabelecimento da forma de arquivamento do registro;
d. estabelecimento do período de tempo pelo qual o registro deve ficar armazenado, assegurando sua integridade.

A organização e a coleta de dados devem ser registradas de forma a indicar os serviços de manutenção preventiva e corretiva, bem como alterações realizadas.

7.4 *Arquivo*
Toda a documentação dos serviços de manutenção executados deve ser arquivada como parte integrante do manual de uso, operação e manutenção da edificação, ficando sob a guarda do responsável legal (proprietário ou síndico).
Toda esta documentação, quando solicitada, deve ser prontamente recuperável e estar disponível aos proprietários, condôminos, construtor/incorporador e contratado, quando pertinente.
Quando houver troca de responsável legal (proprietário ou síndico), toda a documentação deve ser formalmente entregue ao sucessor.

7.5 *Indicadores gerenciais*
É recomendado que o sistema de gestão da manutenção disponha de indicadores de eficiência com a finalidade de avaliar:
a. a relação entre custo e tempo estimados e efetivamente realizados;
b. a taxa de sucesso das intervenções, medida pela incumbência de retrabalhos necessários;
c. a relação ao longo do tempo do custo × benefício gerado pelas manutenções;
d. a preservação do valor da edificação ao longo de sua vida útil. (ABNT, 2012).

A atualização permanente da documentação e das informações disponibilizadas deve ser praticada para favorecer o fluxo de informações e facilitar as atividades de planejamento da manutenção.

A relação de documentos apresentada na norma pode ser considerada de ordem genérica quanto aos aspectos técnicos construtivos e de manutenção, entretanto se revela omissa quanto aos documentos legais. Tal lacuna foi suprida pelas indicações dos documentos na NBR 14037.

A propósito do manual de uso, operação e manutenção das edificações, cujas diretrizes encontram-se consolidadas na NBR 14037, que instrui o construtor ou o incorporador em sua elaboração, cumpre destacar que se trata de elemento fundamental para a realização da manutenção nas edificações. O referido manual deverá ser fornecido, obrigatoriamente, ao condomínio ou ao primeiro proprietário dos imóveis em geral, sem exceção, e não exclui nem mesmo as tipologias mais simplificadas dos produtos imobiliários.

O manual serve como referencial para que o condomínio ou o proprietário proceda à manutenção em seu imóvel e cumpra sua parte visando à consolidação da durabilidade das edificações. São fornecidas informações fundamentais e imprescindíveis para que ele, considerado leigo, desenvolva o plano de manutenção de sua edificação, entre outras informações, de acordo com os itens de sua apresentação, conforme mostrado no Quadro 4.1.

As informações contidas no manual devem ser completas e indicar claramente a periodicidade das intervenções de manutenção e os procedimentos, ainda que

Quadro 4.1 Disposição dos conteúdos

Capítulo	Subdivisões
1. Apresentação	Índice Introdução Definições
2. Garantias e assistência técnica	Garantias Assistência técnica
3. Memorial descritivo	
4. Fornecedores	Relação de fornecedores Relação de projetistas Serviços de utilidade pública
5. Operação, uso e limpeza	Sistemas hidrossanitários Sistemas eletroeletrônicos Sistema de proteção contra descargas atmosféricas Sistemas de ar condicionado, ventilação e calefação Sistemas de automação Sistemas de comunicação Sistemas de incêndio Fundações e estruturas Vedações Revestimentos internos e externos Pisos Coberturas

Quadro 4.1 (continuação)

Capítulo	Subdivisões
5. Operação, uso e limpeza	Jardins, paisagismo e áreas de lazer Esquadrias e vidros Pedidos de ligações públicas
6. Manutenção	Programa de manutenção preventiva Registros Verificações
7. Informações complementares	Meio ambiente e sustentabilidade Segurança Operação dos equipamentos e suas ligações Documentação técnica e legal Elaboração e entrega do manual Atualização do manual

Fonte: ABNT (2011).

simplificados (a serem detalhados na elaboração do plano de manutenção), para os diversos sistemas utilizados na edificação.

Quando apresentadas de forma abrangente, as informações podem salvaguardar os construtores em reclamações futuras ou eventuais demandas, desde que comprovada a negligência da manutenção ou configurada uma *falha* de manutenção. Em contrapartida, quando apresentadas de forma deficiente, incompleta ou incorreta, podem configurar o que se denomina "vício de informação", responsabilizando, consequentemente, o construtor/incorporador, que não terá como se esquivar da contribuição direta para a instalação da *anomalia*.

A NBR 14037 também recomenda que o manual indique a realização periódica de laudos de inspeção de manutenção, uso e operação por profissionais habilitados registrados nos conselhos profissionais competentes, para serem anexados à documentação e aos registros da edificação. Também propõe a análise da efetivação do plano de manutenção nas edificações como uma importante prerrogativa ao incorporador, construtor, proprietário ou condomínio, uma vez que pressupõe que tais laudos podem ser solicitados por eles.

Quanto à existência dos demais documentos e a questão de seus registros, verifica-se na prática a insuficiência de documentos, cumulada com a deficiência dos respectivos registros. Em relação ao registro das atividades de manutenção desenvolvidas, a maioria das empresas contratadas para seu gerenciamento, especialmente em relação aos serviços prestados por empresas terceirizadas, notadamente em empreendimentos de maior porte, disponibiliza as informações ou procede aos registros de forma superficial. Nota-se, inclusive, que os registros geralmente inexistem em pequenos empreendimentos. Tais empresas dificilmente geram os relatórios operacionais com as informações completas, incluindo os registros das implantações e as informações sobre o início e o término dos contratos e das operações. Dessa forma, as instalações, incluídos seus respectivos equipamentos, muitas vezes carecem de registro de seu histórico ou prontuário.

Note-se que os registros e arquivos das manutenções praticadas nos empreendimentos em geral são de fundamental importância para que seja preservado seu histórico; deve-se diferenciá-los especialmente para distingui-los das eventuais ações da assistência técnica, prestadas por construtores e incorporadores, a título de reparos em garantia. Tal distinção é fundamental, pois, em casos de demanda judicial, ela subsidiará o Perito para que proceda às análises distintas das intervenções realizadas pelos proprietários (ações da manutenção) e das intervenções praticadas por construtor/incorporador (ação da assistência técnica).

Tal "mapeamento" diferenciado é fundamental na fase de apuração de responsabilidade, nas perícias, sob pena de prejudicar o diagnóstico e, sobretudo, prejudicar a atribuição das intervenções.

Os registros e arquivos das ações de reformas também são importantes, especialmente para a apuração de responsabilidades dos intervenientes do processo da construção civil, sob o ponto de vista da vida útil do empreendimento. Essa vida útil é prevista, por exemplo, em 50 anos para estruturas e 40 anos para vedações verticais externas. A partir dos registros coletados nas inspeções prediais, e incluindo os demais fatores contribuintes eventualmente disponíveis concorrentes para a redução da vida útil de projeto, haverá a possibilidade do levantamento primário sobre as causas e responsabilidades pela deterioração precoce dos sistemas, elementos ou componentes construtivos, que poderá ser confirmado ou não, mediante estudos tecnológicos específicos, eventualmente promovidos nos trabalhos periciais.

cinco

Comentários à norma de inspeção predial do Ibape

Conforme já elucidado no comentário da versão anterior, reitera-se que as normas de inspeção predial evoluíram ao longo do tempo, desde os primórdios, quando do lançamento da primeira norma sobre o tema, em 1999, pelo Ibape/SP. A versão de 2012 do Ibape (Ibape, 2012) sofreu alguns ajustes nessa edição e segue transcrita com os comentários pertinentes dos autores, que foram complementados ou eventualmente reiterados, a seguir apresentados.

Instituto Brasileiro de Avaliações e Perícias de Engenharia
Norma de Inspeção Predial Nacional

Coordenação:
Eng. Flávia Zoéga Andreatta Pujadas
Eng. Marcelo Suarez Saldanha

Colaboradores:
Eng. Alexandre Marcelo Fontes Lara; Eng. Almir Roberson Aizzo Sodré; Eng. Antemildo Batista de Andrade; Eng. Antonio Carlos Dolacio; Eng. Antonio Sergio Liporoni; Eng. Arival Guimarães Cidade; Eng. Aurélio José Lara; Eng. Bernando Jacinto Damian Tasso; Eng. Daniel Rodrigues Rezende Neves; Eng. Eduardo Aleixo; Eng. Elcio Avelar Maia; Eng. Emerson de Mello; Eng. Evelise Chemale Zancan; Eng. Francisco Xavier Bandeira Ventura; Arq. Geraldo da Rocha Ozio; Eng. Gilberto Couri; Eng. Guilherme Federman; Eng. Flávia Zoéga Andreatta Pujadas; Eng. Fulvio Lauria; Eng. Jerônimo Cabral P. F. Neto; Eng. José Carlos Paulino

da Silva; Eng. José Fidelis; Eng. José Ricardo Pinto; Eng. José Tarcísio Doubek Lopes; Arq. Laerte Sakai; Eng. Leo Saraiva Caldas; Eng. Luiz Cláudio Gongora; Eng. Marco Antonio Gullo; Eng. Marli Lanza Kalil; Eng. Mário Luiz de Miranda; Eng. Maurencio de Carvalho Assis; Eng. Marcelo Suarez Saldanha; Eng. Marcelo Rocha Benfica; Eng. Milton Gomes; Eng. Misael Cardoso Pinto Neto; Eng. Neimar de Jesus Alves dos Santos; Eng. Nelson Nady Nor Filho; Eng. Osório Accioly Gatto; Eng. Paulo Palmieri Magri; Eng. Rejane Saute Berezovley; Eng. Rita de Cássia Almeida Rocha; Eng. Roberto Marchetti; Eng. Roberto Martins Xavier; Eng. Sidney de Barros; Arq. Simone Feigelson; Eng. Vanderlei Jacob Júnior; Arq. Vanessa Pacola Francisco; Arq. Vera Lucia de Campos Correa Shebali; Eng. Vicente Ignácio Gomes Parente.

Aprovada em assembleia nacional de 25/10/2012

O Instituto Brasileiro de Avaliações e Perícias de Engenharia - Ibape - entidade Federativa Nacional - é o órgão federativo da classe formado por profissionais de Engenharia, Arquitetura, Agronomia, sem fins lucrativos. Seu objetivo é o de congregar os institutos estaduais para difusão de informações e avanços técnicos com a elaboração de normas e estudos na defesa dos interesses profissionais e morais dos seus filiados e membros titulares estaduais. Promove, ainda, cursos básicos e avançados no seu campo, congressos, ciclos de estudos, simpósios, conferências, reuniões, seminários, divulgações institucionais e outras atividades. Em atenção aos seus objetivos, o Ibape disponibiliza a presente Norma de Inspeção Predial Nacional 2012, baseada em texto normativo pioneiro do Ibape/SP, que modifica a versão anterior desta norma de 2009, para atender à ABNT NBR 5674, ABNT NBR 15575-1 e, principalmente, para colaborar com a "saúde dos edifícios", sua segurança, funcionalidade, manutenção adequada e valorização patrimonial.

Comentários

A abertura da norma apresenta o Ibape com os comentários sobre a atuação da entidade, e discorre sobre a evolução da norma, que resultou na versão em comento. Essa versão foi produzida sob a coordenação da Eng. Flávia Zoega Andreatta Pujadas e do Eng. Marcelo Suarez Saldanha, que militam na área desde os primórdios, juntamente com os demais colaboradores, compostos por profissionais de destaque que também trabalham em prol do aprimoramento do tema em todo o Brasil.

Índice

1 Introdução

A observação permanente das edificações, o espaço físico de maior relevância na vida do homem urbano, tanto pelo aspecto patrimonial quanto pelas questões relacionadas à segurança e ao conforto, conduz o observador ao conceito de preservação e, consequentemente, ao tema do uso, manutenção e desempenho das edificações.

Partícipes do processo que se verifica em andamento, através do qual mudanças de caráter cultural vêm sendo consumadas, técnicos habituados a trabalhar a edificação sob os mais diversos enfoques constatam a consolidação de nova postura gerencial focada na proteção do patrimônio e do indivíduo.

A Associação Brasileira de Normas Técnicas (ABNT) disponibilizou à sociedade texto normativo voltado à Manutenção de Edificações, ABNT NBR 5674. Verifica-se, entretanto, lacuna não preenchida com esta norma quanto à avaliação técnica da qualidade da manutenção e sua aplicação direta na gestão patrimonial.

A inspeção predial é ferramenta que propicia esta avaliação sistêmica da edificação. Elaborada por profissionais habilitados e devidamente preparados, classifica não conformidades constatadas na edificação quanto a sua origem, grau de risco, e indica orientações técnicas necessárias à melhoria da manutenção dos sistemas e elementos construtivos.

Esta norma apresenta conceitos e critérios para a realização da inspeção predial e elaboração do seu laudo.

Comentários

O índice e a introdução da norma reproduzem a apresentação do Ibape sobre a importância da inspeção predial na preservação física das edificações através da ação da manutenção, e citam a NBR 5674 da ABNT, que se trata da normativa vigente que direciona as condições de implantação do Plano de Manutenção nos edifícios em geral.

2 Objetivo

Esta norma fixa as diretrizes, conceitos, terminologia, convenções, notações, critérios e procedimentos relativos à inspeção predial, cuja realização é de responsabilidade e da exclusiva competência dos profissionais, engenheiros e arquitetos, legalmente habilitados pelos Conselhos Regionais de Engenharia e Agronomia – CREAs –, de acordo com a Lei Federal nº 5.194 de 21/12/1966 e resoluções do Confea e Conselhos de Arquitetura e Urbanismo – CAUs –, Lei nº 12.378 de 31/12/2010 e resoluções do CAU-BR.

a. classifica a sua natureza;
b. institui a terminologia, as convenções e as notações a serem utilizadas;
c. define a metodologia básica aplicável;
d. estabelece os critérios a serem empregados nos trabalhos;
e. prescreve diretriz para apresentação de laudos e pareceres técnicos.

Comentários

A presente versão da norma de inspeção predial repete e destaca, no objetivo, o texto anterior, mantendo o caráter prescritivo dos critérios a serem estabelecidos nos trabalhos de inspeção e da apresentação do laudo. Por se tratar de norma de fácil aplicação e natureza prática, entende-se como adequado o objetivo proposto.

3 Normas e documentos complementares

3.1 Aplicação da norma
Na aplicação desta norma é necessário consultar e atender à legislação pertinente, dando-se destaque aos seguintes preceitos legais:

3.2 Preceitos legais

* Constituição Federal.
* Código Civil.
* Código de Processo Civil.
* Código Penal.
* Código Comercial.
* Código de Águas.
* Código de Defesa do Consumidor.
* Código Sanitário Estadual.
* Legislação Ambiental.
* Código Florestal.
* Código de Ética do Ibape.
* Lei Federal nº 5.194 de 21/12/1966, que regula o exercício das profissões de Engenheiro e Engenheiro Agrônomo e dá outras providências.
* Resoluções do Conselho Federal de Engenharia, Arquitetura e Agronomia, e particularmente: Resolução nº 205, de 30/9/1971, que adota o Código de Ética Profissional; Resolução nº 218, de 27/6/1973, que fixa as atribuições do Engenheiro e Agrônomo nas diversas modalidades; Resolução nº 345, de 27/7/1990, que dispõe quanto ao exercício por profissionais de nível superior das atividades de Engenharia de Avaliações e Perícias de Engenharia.

- Resoluções do CAU.
- Resolução nº 1.010 do Confea.
- Lei nº 12.378 de 31/12/2010, que regulamenta o exercício da Arquitetura e Urbanismo.
- Código de Obras e Edificações (COE) e Leis Complementares ao COE do município.
- Decreto Federal nº 24.714 de 7/10/87, e nº 27.011 de 30/9/88.
- Decreto Federal nº 24.767 de 14/10/87 – regulamenta o sistema de fiscalização, disposições gerais para utilização de gás combustível nos edifícios e construções em geral.
- Relatório de danos ambientais.
- Licença da Vigilância Sanitária.
- Leis de Ocupação, Parcelamento e Uso do Solo do município.
- Normas Técnicas da ABNT e do Ibape, especialmente as destacadas no Anexo I desta.

Comentários

A indicação das normas e legislações pertinentes é preservada nessa última versão. Dessa forma, mostra-se útil para os profissionais que se valem do texto para desenvolver seus laudos de inspeção predial, principalmente por se tratar de atividade extrajudicial, na qual muitos desconhecem os relevantes aspectos dos direitos e deveres envolvidos na inspeção predial.

4 Definições

São adotadas para efeito desta norma as definições constantes do Glossário de Terminologia do Ibape/SP e outras específicas.

Complementam essas definições outras contidas nas normas ABNT, especialmente ABNT NBR 5674, ABNT NBR 15575 e ABNT NBR 14037.

4.1 Inspeção predial

É a análise isolada ou combinada das condições técnicas, de uso e de manutenção da edificação.

4.2 Nível de inspeção predial

Classificação da inspeção predial quanto a sua complexidade e elaboração de laudo, consideradas as características técnicas da edificação, manutenção e operação existentes e necessidade de formação de equipe multidisciplinar para execução dos trabalhos. Os níveis de inspeção predial podem ser classificados em nível 1, nível 2 e nível 3.

4.3 Tipos de inspeção predial
Define a natureza do elemento construtivo a ser inspecionado.

4.4 Grau de risco
Critério de classificação das anomalias e falhas existente na edificação, e constatadas em uma inspeção predial, considerado o risco oferecido aos usuários, ao meio ambiente e ao patrimônio, dentro dos limites da inspeção predial.
As anomalias e falhas são classificadas nos seguintes graus de risco:

4.4.1 Crítico
Risco de provocar danos contra a saúde e segurança das pessoas e do meio ambiente; perda excessiva de desempenho e funcionalidade, causando possíveis paralisações; aumento excessivo de custo de manutenção e recuperação; comprometimento sensível de vida útil.

4.4.2 Médio
Risco de provocar a perda parcial de desempenho e funcionalidade da edificação sem prejuízo à operação direta de sistemas, e deterioração precoce.

4.4.3 Mínimo
Risco de causar pequenos prejuízos à estética ou atividade programável e planejada, sem incidência ou sem a probabilidade de ocorrência dos riscos críticos e regulares, além de baixo ou nenhum comprometimento do valor imobiliário.

4.5 Lista de verificação
Conjunto de tópicos a serem vistoriados, considerado o número mínimo de itens abordados em uma inspeção.
Recomenda-se que a vistoria na inspeção predial seja sistêmica e que abranja, minimamente, os seguintes sistemas construtivos e seus elementos: estrutura, impermeabilização, instalações hidráulicas e elétricas, revestimentos externos em geral, esquadrias, revestimentos internos, elevadores, climatização, exaustão mecânica, ventilação, coberturas, telhados, combate a incêndio e SPDA.

Comentários

A norma evolui nos tópicos comentados e destaca a multidisciplinaridade recomendada na sua aplicação, entretanto ainda carece da inclusão da atual terminologia adotada pela Engenharia Diagnóstica, que vem sendo divulgada e acatada no Brasil como doutrina referencial para quem quer estar atualizado com a abordagem moderna do tema.

5 Atribuições profissionais

As inspeções prediais deverão ser realizadas apenas por profissionais, engenheiros e arquitetos, devidamente registrados no CREA e CAU e dentro das respectivas atribuições profissionais, conforme resoluções do Confea e CAU-BR, preferencialmente membros do Ibape, treinados e capacitados mediante cursos específicos promovidos pelo Instituto.

As inspeções prediais possuem características multidisciplinares, consoante a complexidade dos sistemas e subsistemas construtivos a serem inspecionados. O profissional responsável pela realização do trabalho pode convocar profissionais de outras especialidades para assessorá-lo, conforme o nível de inspeção predial contratado, cuja comprovação deve ser anexada ao laudo através das competentes ARTs e RRTs.

Comentários

Considerando que a inspeção predial é uma atividade técnica de alta complexidade e responsabilidade, concorda-se com o destaque da qualificação profissional necessária, que é de exclusiva atribuição aos profissionais registrados nos CREAs e CAUs. É importante destacar que a inspeção está incluída como atribuição de profissionais registrados nos CREAs e CAUs. O conhecimento geral das disciplinas aplicado aos sistemas construídos e incorporados a edificações prescindem cada vez mais da multidisciplinaridade; dessa forma, incentiva-se a formatação de parcerias entre as equipes e profissionais especialistas nos estudos afetos à saúde predial, que compõe a pauta principal e o enfoque a ser abordado nos trabalhos de inspeção predial.

6 Classificação das inspeções prediais

6.1 Quanto ao nível da inspeção

A inspeção predial é classificada quanto a sua complexidade e elaboração de laudo, consideradas as características técnicas da edificação, manutenção e operação existentes e necessidade de formação de equipe multidisciplinar para execução dos trabalhos. Os níveis de inspeção predial podem ser classificados em nível 1, nível 2 e nível 3.

A classificação da inspeção é realizada pelo inspetor predial, após análises das características da edificação e de acordo com a finalidade da mesma.

Quando o nível de inspeção predial for determinado pelo contratante, isto deverá constar no laudo com ressalvas sobre eventuais não conformidades entre o nível determinado e as características observadas na edificação inspecionada.

Independentemente do nível de inspeção predial utilizado para a emissão do laudo, o critério e o método da inspeção deverão ser obrigatoriamente seguidos na execução do trabalho, conforme detalha o item 7 desta.

> 6.1.1 *Nível 1*
> Inspeção predial realizada em edificações com baixa complexidade técnica, de manutenção e de operação de seus elementos e sistemas construtivos. Normalmente empregada em edificações com planos de manutenção muito simples ou inexistentes.
> A inspeção predial nesse nível é elaborada por profissionais habilitados em uma especialidade.
>
> 6.1.2 *Nível 2*
> Inspeção predial realizada em edificações com média complexidade técnica, de manutenção e de operação de seus elementos e sistemas construtivos, de padrões construtivos médios e com sistemas convencionais. Normalmente empregada em edificações com vários pavimentos, com ou sem plano de manutenção, mas com empresas terceirizadas contratadas para execução de atividades específicas como: manutenção de bombas, portões, reservatórios de água, dentre outros.
> A inspeção predial nesse nível é elaborada por profissionais habilitados em uma ou mais especialidades.
>
> 6.1.3 *Nível 3*
> Inspeção predial realizada em edificações com alta complexidade técnica, de manutenção e operação de seus elementos e sistemas construtivos, de padrões construtivos superiores e com sistemas mais sofisticados. Normalmente empregada em edificações com vários pavimentos ou com sistemas construtivos com automação.
> Nesse nível de inspeção predial, obrigatoriamente, é executado na edificação uma manutenção com base na ABNT NBR 5674. Possui, ainda, profissional habilitado, responsável técnico, plano de manutenção com atividades planejadas e procedimentos detalhados, *software* de gerenciamento, e outras ferramentas de gestão do sistema de manutenção existente.
> A inspeção predial nesse nível é elaborada por profissionais habilitados e de mais de uma especialidade.
> Nesse nível de inspeção, o trabalho poderá ser intitulado como de auditoria técnica.

Comentários

A classificação em três níveis continua a seguir a tradição anterior, porém reitera-se a observação registrada na prática quanto à existência de apenas dois níveis de trabalho, consoante o exposto e detalhado na seção 9 do Cap. 7 do presente livro.

Além disso, cabe consignar que a norma do Ibape não classifica a tipologia e os modelos da edificação ou obra em análise, sendo limitada apenas a edifícios residenciais e comerciais. Entende-se recomendável ampliar a abrangência da norma, como apresentado nas seções 7 e 8 do Cap. 7 deste livro.

7 Critério e método da inspeção predial

7.1 Critério

A elaboração de s de inspeção predial baseia-se na análise do risco oferecido aos usuários, ao meio ambiente e ao patrimônio, diante das condições técnicas, de uso, operação e manutenção da edificação, bem como da natureza da exposição ambiental.

A análise do risco consiste na classificação das anomalias e falhas identificadas nos diversos componentes de uma edificação, quanto ao seu grau de risco relacionado com fatores de manutenção, depreciação, saúde, segurança, funcionalidade, comprometimento de vida útil e perda de desempenho.

7.2 Método

O método a ser empregado consiste em:

* determinação do nível de inspeção (ver item 6);
* verificação e análise da documentação (ver item 8);
* obtenção de informações dos usuários, responsáveis, proprietários e gestores das edificações (ver item 9);
* vistoria dos tópicos constantes na listagem de verificação (ver item 10);
* classificação das anomalias e falhas constatadas nos itens vistoriados, e das não conformidades com a documentação examinada (ver item 11);
* classificação e análise das anomalias e falhas quanto ao grau de risco (ver item 12);
* definição de prioridades (ver item 13);
* recomendações técnicas (ver item 14);
* avaliação da manutenção e uso (ver item 15);
* recomendações gerais e de sustentabilidade (ver item 16);
* tópicos essenciais do laudo (ver item 17);
* responsabilidades (ver item 18).

Consoante o desenvolvimento dos itens abordados acima, a inspeção predial deverá ser planejada conforme o tipo da edificação, consideradas suas características construtivas, qualidade da documentação entregue ao inspetor e nível de inspeção a ser realizado.

O planejamento da vistoria deverá ter início com uma entrevista com o responsável da edificação (síndico, administrador ou gestor predial), com abordagem dos aspectos cotidianos do uso e da manutenção do imóvel.

Comentários

O critério baseado na análise de risco, conforme já sinalizado, é limitado e ultrapassado, pois a inspeção da atualidade, com o enfoque da Engenharia Diagnóstica, já contempla o critério da qualidade predial total com visão sistêmica tridimensional abrangente. Dessa forma, reitera-se o critério tridimensional, consoante o recomendado na seção 6 do Cap. 7 do presente livro.

8 Documentação

Recomenda-se analisar, quando disponíveis e existentes, os seguintes documentos administrativos, técnicos, manutenção e operação da edificação. (A lista de documentos deve ser adequada de acordo com a localidade da edificação inspecionada. Esta lista apresenta referências usuais de documentos importantes ao trabalho da inspeção predial.)

A lista apresentada deve ser adequada pelo inspetor predial, conforme o tipo e a complexidade da edificação e suas instalações e sistemas construtivos a serem inspecionados.

Esta lista de documentos pode ser solicitada em cópia para análise e conferência do inspetor, quanto a sua existência e condições de ordem de arquivamento na edificação.

8.1 Administrativa

- Instituição, Especificação e Convenção de Condomínio.
- Regimento Interno do Condomínio.
- Alvará de Construção.
- Auto de Conclusão.
- IPTU.
- Programa de Prevenção de Riscos Ambientais (PPRA).
- Alvará do Corpo de Bombeiros.
- Ata de instalação do condomínio.
- Alvará de funcionamento.
- Certificado de Manutenção do Sistema de Segurança.
- Certificado de treinamento de brigada de incêndio.
- Licença de funcionamento da Prefeitura.
- Licença de funcionamento do órgão ambiental estadual.
- Cadastro no sistema de limpeza urbana.
- Comprovante da destinação de resíduos sólidos etc.
- Relatório de danos ambientais, quando pertinente.
- Licença da vigilância sanitária, quando pertinente.
- Contas de consumo de energia elétrica, água e gás.

- Programa de Controle Médico de Saúde Ocupacional (PCMSO).
- Alvará de funcionamento.
- Certificado de Acessibilidade.

8.2 *Técnica*

- Memorial descritivo dos sistemas construtivos.
- Projeto executivo.
- Projeto de estruturas.
- Projeto de instalações prediais:
  - ◊ instalações hidráulicas;
  - ◊ instalações de gás;
  - ◊ instalações elétricas;
  - ◊ instalações de cabeamento e telefonia;
  - ◊ instalações do Sistema de Proteção Contra Descargas;
  - ◊ instalações de climatização;
  - ◊ combate a incêndio.
- Projeto de impermeabilização.
- Projeto de revestimentos em geral, incluídas fachadas.
- Projeto de paisagismo.

8.3 *Manutenção e operação*

- Manual de Uso, Operação e Manutenção (Manual do Proprietário e do Síndico).
- Plano de Manutenção e Operação e Controle (PMOC).
- Selos dos extintores.
- Relatório de Inspeção Anual de Elevadores (RIA).
- Atestado do Sistema de Proteção a Descarga Atmosférica (SPDA).
- Certificado de limpeza e desinfecção dos reservatórios.
- Relatório das análises físico-químicas de potabilidade de água dos reservatórios e da rede.
- Certificado de ensaios de pressurização em mangueiras.
- Laudos de inspeção predial anteriores.
- Certificado de ensaios de pressurização em cilindro de extintores.
- Relatório do acompanhamento de rotina da manutenção geral.
- Relatórios dos acompanhamentos das manutenções dos sistemas específicos, tais como: ar-condicionado, motores, antenas, bombas, CFTV, equipamentos eletromecânicos e demais componentes.

- Relatórios de ensaios da água gelada e de condensação de sistemas de ar condicionado central.
- Certificado de teste de estanqueidade do sistema de gás.
- Relatórios de ensaios preditivos, tais como: termografia, vibrações mecânicas etc.
- Cadastro de equipamentos e máquinas.

Comentários

A listagem é útil, mas a referência à listagem da NBR 14037 (ABNT, 2011) também é recomendável, conforme mostrado na Tabela A.1 do Cap. 7 deste livro.

9 Obtenção de informações

Para instruir o laudo, recomenda-se obter informações através de questionários e entrevistas junto aos usuários, síndicos, gestores prediais, e demais responsáveis técnicos e legais pela edificação, principalmente no caso de modificações e reformas na edificação original.

Comentários

Concorda-se com tal instrução, pois as informações devidamente tabuladas em questionário podem ser muito úteis à inspeção predial e facilitam a inspeção de campo.

10 Listagem de verificação

A lista dos componentes e equipamentos dos diversos sistemas e subsistemas construtivos, a serem vistoriados pelos inspetores prediais, deve ser proporcional e adequada à complexidade da edificação e ao nível de inspeção a ser realizado.

Trata-se, portanto, do conjunto de tópicos a serem vistoriados, considerado o número mínimo de itens abordados em uma inspeção.

Recomenda-se que a vistoria na inspeção predial seja sistêmica e que abranja, minimamente, os seguintes sistemas construtivos e seus elementos: estrutura, impermeabilização, instalações hidráulicas e elétricas, revestimentos externos em geral, esquadrias, revestimentos internos, elevadores, climatização, exaustão mecânica, ventilação, coberturas, telhados, combate a incêndio e SPDA.

Comentários

As recomendações propostas na norma atual vigente do Ibape foram aprimoradas com a listagem dos sistemas que deverão ser minimamente contemplados, entretanto o aprofundamento do tema deverá basear-se nas prescrições do Cap. 7 deste livro.

11 Classificação das anomalias e falhas

As anomalias e falhas constituem não conformidades que impactam na perda precoce de desempenho real ou futuro dos elementos e sistemas construtivos, e redução de sua vida útil projetada. Podem comprometer, portanto: segurança; funcionalidade; operacionalidade; saúde de usuários; conforto térmico, acústico e lumínico; acessibilidade; durabilidade; vida útil; entre outros parâmetros de desempenho definidos na ABNT NBR 15575. As não conformidades podem estar relacionadas a desvios técnicos e de qualidade da construção e/ou manutenção da edificação. Podem, ainda, não atender aos parâmetros de conformidade previstos para os sistemas construtivos e equipamentos instalados, tais como: dados e recomendações dos fabricantes, manuais técnicos em geral, projetos e memoriais descritivos, normas etc.

11.1 Anomalia

As anomalias podem ser classificadas em:

11.1.1 Endógena

Originária da própria edificação (projeto, materiais e execução).

11.1.2 Exógena

Originária de fatores externos à edificação, provocados por terceiros.

11.1.3 Natural

Originária de fenômenos da natureza.

11.1.4 Funcional

Originária da degradação de sistemas construtivos pelo envelhecimento natural e consequente término da vida útil.

11.2 Falha

As falhas podem ser classificadas em:

11.2.1 De planejamento

Decorrentes de falhas de procedimentos e especificações inadequados do plano de manutenção, sem aderência a questões técnicas, de uso, de operação, de exposição ambiental e, principalmente, de confiabilidade e disponibilidade das instalações, consoante a estratégia de manutenção. Além dos aspectos de concepção do plano, há falhas relacionadas às periodicidades de execução.

11.2.2 De execução

Associada à manutenção proveniente de falhas causadas pela execução inadequada de procedimentos e atividades do plano de manutenção, incluindo o uso inadequado dos materiais.

11.2.3 Operacionais
Relativas aos procedimentos inadequados de registros, controles, rondas e demais atividades pertinentes.

11.2.4 Gerenciais
Decorrentes da falta de controle de qualidade dos serviços de manutenção, bem como da falta de acompanhamento de custos da mesma.

Comentários

A classificação tradicional dos eventos registrados nas edificações por ocasião da(s) inspeção(ões) de campo, contemplando as anomalias e falhas, é o aprofundamento das investigações. De acordo com a Engenharia Diagnóstica, essa classificação deve recair somente para o nível E de inspeção predial, pois a finalidade pericial desse procedimento deve ser simplificada, na maioria dos casos, para que os resultados e o alcance da inspeção predial sejam propiciados, de forma direta e aplicável, contribuindo para a recuperação do desempenho original das edificações.

12 Classificação do grau de risco
A classificação quanto ao grau de risco de uma anomalia ou falha deve sempre ser fundamentada, conforme limites e os níveis da inspeção predial realizada, considerado o grau de risco oferecido aos usuários, ao meio ambiente e ao patrimônio. Pode ser classificado como:

12.1 Crítico
Risco de provocar danos contra a saúde e segurança das pessoas e do meio ambiente; perda excessiva de desempenho e funcionalidade, causando possíveis paralisações; aumento excessivo de custo de manutenção e recuperação; comprometimento sensível de vida útil.

12.2 Médio
Risco de provocar a perda parcial de desempenho e funcionalidade da edificação sem prejuízo à operação direta de sistemas, e deterioração precoce.

12.3 Mínimo
Risco de causar pequenos prejuízos à estética ou atividade programável e planejada, sem incidência ou sem a probabilidade de ocorrência dos riscos críticos e regulares, além de baixo ou nenhum comprometimento do valor imobiliário.

Comentários

A classificação atualmente proposta trocou a nomenclatura anterior de "REGULAR" para "MÉDIO", entretanto, o critério continua o mesmo. Dessa forma, a mudança de nomenclatura não favorece a melhoria do entendimento, sem embargo de reiterar que a classificação do grau de risco independe do critério voltado à qualidade predial total.

> *13 Definição de prioridades*
> Quanto à ordem de prioridades, recomenda-se que seja disposta em ordem decrescente quanto ao grau de risco e intensidade das anomalias e falhas, apurada através de metodologias técnicas apropriadas como GUT (ferramenta de "gerenciamento de risco" através da metodologia de gravidade, urgência e tendência), Femea (Failure Mode and Effect Analysis, ferramenta de "gerenciamento de risco" através da metodologia de análise do tipo e efeito de falha), ou ainda, pela listagem de criticidade decorrente da inspeção predial.
> A prioridade na ordem das orientações técnicas das deficiências constatadas poderá se basear nesta(s) classificação(ões), quanto ao estado de manutenção geral da edificação e condições de uso, quanto à recomendação de eventual interdição de parte da edificação para garantir a integridade dos usuários, entre outros aspectos de segurança patrimonial, quando do surgimento de situações de grau de risco crítico, ou identificação de uso irregular em locais específicos e destacados do restante da edificação inspecionada.

Comentários

Concorda-se com o estabelecimento de uma ordem de prioridades, utilizando-se o grau de risco (GUT). Destaca-se que a ordem de prioridades definida para as anomalias e falhas não deve ser confundida com o critério da inspeção, pois este deve visar à qualidade predial total na visão sistêmica tridimensional.

> *14 Indicação das recomendações técnicas*
> As recomendações técnicas para as anomalias e falhas constatadas na inspeção predial podem ser apresentadas de forma clara e simplificada, possibilitando ao gestor, síndico ou proprietário a fácil compreensão. Recomenda-se indicar manuais, ilustrações e normas pertinentes para facilitar as futuras providências do contratante.
> Deve-se observar, quando necessário, a execução das recomendações de forma concomitante.

Comentários

Concorda-se com a recomendação simplificada, pois inspeção predial não se confunde com consultoria de orientações técnicas, que, inclusive, pode fazer parte da própria recomendação, quando identificada a necessidade do aprofundamento das análises por meio da elaboração de perícia específica ou da contratação de outra ferramenta suplementar.

Essa segmentação de serviços técnicos é de importância primordial e se presta para consolidar a valorização profissional imprimida através dos conceitos difundidos pela Engenharia Diagnóstica. Além disso, ressalta-se que a remuneração e a própria responsabilidade técnica assumida pelo profissional que atua numa inspeção são diferenciadas em relação a um trabalho que envolve perícia ou até mesmo uma consultoria.

> 15 *Avaliação da manutenção e uso*
> A avaliação do estado de manutenção e condições de uso deve sempre ser fundamentada, considerando os graus de risco e perdas precoces de desempenho dos sistemas, frente às constatações das anomalias e, especialmente, das falhas encontradas. Além disso, devem ser analisadas as condições de regularidade do uso, bem como os níveis de aprofundamento da inspeção predial realizada, considerando os seguintes aspectos:
>
> 15.1 *Para a manutenção*
> Para esta avaliação, o inspetor deverá analisar o plano de manutenção para a edificação e as respectivas condições de execução, conforme os seguintes critérios:
>
> 15.1.1 *Plano de trabalho*
>
> * Coerência do plano de manutenção em relação ao especificado por fabricantes de equipamentos e sistemas inspecionados.
> * Coerência do plano de manutenção em relação ao preconizado em normas e/ou instruções técnicas de Engenharia específicas.
> * Adequação de rotinas e frequências à idade das instalações, ao uso, exposição ambiental, entre outros aspectos técnicos que permitam ao inspetor classificar a qualidade da manutenção executada.
>
> 15.1.2 *Condições de execução das atividades propostas no plano de manutenção*
>
> * Verificar se existem as condições mínimas necessárias de acesso aos equipamentos e sistemas, permitindo a plena realização das atividades propostas no plano de manutenção.
> * Verificar as condições de segurança para o mantenedor e usuários da edificação, durante a execução da manutenção.
>
> Em caso de inexistência de plano de manutenção na edificação, o inspetor, ainda, deverá verificar as atividades realizadas e devidamente registradas (evidências), comparando-as com o conjunto de recomendações mínimas de fabricantes e fornecedores de equipamentos e sistemas inspecionados.

São elementos observados no trabalho de inspeção predial, que devem ser considerados na classificação da qualidade de manutenção: falhas constatadas; não conformidades registradas nos documentos pertinentes à manutenção; classificações dos graus de risco; atendimento às necessidades da edificação, considerados os conceitos de desempenho, vida útil, durabilidade etc.
Deverão, ainda, ser observados os atendimentos aos demais aspectos mencionados na ABNT NBR 5674.
Após análise global dos aspectos mencionados, o inspetor poderá avaliar a manutenção da edificação e de seus sistemas nos seguintes termos:

15.2 Classificação das condições de uso
A classificação das condições de uso é parametrizada pela análise das condições de uso da edificação e de seus sistemas construtivos, consoante aspectos técnicos previstos em projeto e conforme níveis de desempenho estimados.
Em caso de inexistência de projetos (memoriais e pranchas) que estabeleçam os parâmetros operacionais de sistemas para a edificação inspecionada, o inspetor deverá classificar as condições de uso quando houver parâmetros estabelecidos e/ou recomendados em normas técnicas, instruções técnicas ou leis específicas que contemplem tais sistemas.
A eventual inexistência de qualquer parâmetro de referência que impossibilite a análise do inspetor deverá ser devidamente registrada no laudo final.
A classificação da condição de uso poderá ser *regular* ou *irregular*.
O uso regular é aquele onde a edificação é ocupada e utilizada dentro dos parâmetros previstos no projeto. Contribui para a sua longevidade da edificação, e observa aspectos técnicos de segurança e habitabilidade.
O uso irregular da edificação: está sujeita aos riscos não previstos em projeto que poderão comprometer a segurança e habitabilidade.
Quanto em relação ao uso, o inspetor predial deverá classificar a edificação:
USO REGULAR – quando a edificação inspecionada se encontra ocupada e utilizada de acordo com o uso previsto no projeto.
USO IRREGULAR – quando a edificação inspecionada se encontra ocupada e utilizada de forma irregular, com o uso divergente do previsto no projeto.

Comentários

Nessa versão da norma do Ibape, as alterações são bem-vindas, pois vão ao encontro da inspeção com foco na qualidade predial total. Porém, é necessário homogeneizar a recomendação da ordem de prioridade.

16 Recomendações gerais e de sustentabilidade
Considerando a definição de sustentabilidade, a qual abrange aspectos como o uso racional de recursos naturais, a preservação do conforto e segurança de usuários, assim como a preservação do meio ambiente (permeabilidade de solos, descartes irregulares para redes públicas etc.), recomenda-se indi-

car todos os dados administrativos, de gestão e outros que possam favorecer a melhor habitabilidade da edificação.
Importante se consignarem as medidas de correção e melhoria da edificação que possam favorecer a sustentabilidade.

Comentários

As recomendações formuladas, reitera-se, são positivas pelo enfoque atual, o qual inclui e aborda aspectos de sustentabilidade e habitabilidade nas edificações, além de contribuir com o aprimoramento predial, sem engessar ou modificar a finalidade precípua da inspeção predial, que visa à qualidade total.

17 Tópicos essenciais do laudo

- Identificação do solicitante.
- Classificação do objeto da inspeção.
- Localização.
- Data da diligência.
- Descrição técnica do objeto.
- Tipologia e padrão construtivo.
- Utilização e ocupação.
- Idade da edificação.
- Nível utilizado.
- Documentação solicitada, documentação entregue e documentação analisada.
- Descrição do critério e método da inspeção predial.
- Das informações gerais consideradas.
- Lista de verificação dos elementos construtivos e equipamentos vistoriados, descrição e localização das respectivas anomalias e falhas constatadas.
- Classificação e análise das anomalias e falhas quanto ao grau de risco.
- Indicação de prioridade.
- Avaliação da manutenção e condições de uso da edificação e dos sistemas construtivos.
- Recomendações técnicas.
- Recomendações gerais e de sustentabilidade.
- Relatório fotográfico.
- Recomendação do prazo para nova inspeção predial.
- Data do laudo.

* Assinatura do(s) profissional(ais) responsável(eis), acompanhado do nº do CREA ou do CAU e nº do Ibape.
* Anotação de Responsabilidade Técnica (ART) ou Registro de Responsabilidade Técnica (RRT).

Comentários

A relação dos tópicos continua a seguir a lógica e os itens da norma, sendo pertinente a proposta de apresentação do laudo de inspeção predial.

> *18 Responsabilidades*
> O(s) profissional(is) é(são) responsável(eis) única e exclusivamente pelo escopo e pelo nível de inspeção contratada.
> Exime-se de qualquer responsabilidade técnica a empresa ou profissional, quando as observações e orientações existentes no laudo de inspeção predial não forem implementadas pelo proprietário ou responsável legal da edificação, bem como por qualquer anomalia e falha decorrente de deficiências de: projeto, execução, especificação de materiais, e/ou deficiência de manutenção, bem como qualquer outra alheia ao trabalho de inspeção procedido.
> Exime-se de qualquer responsabilidade técnica a empresa ou profissional, sobre a análise de elementos, componentes, subsistemas e locais onde não foi possível executar a inspeção predial. Deve-se explicitar a redação específica desses impedimentos no laudo.

Comentários

Esse item não sofreu alteração na versão atual da norma de inspeção predial do Ibape, portanto, continua positivo e atual, pois reitera a cautela necessária na abordagem desse tópico, que visa preservar direitos e deveres do contratante e do contratado.

Além disso, em caso de condomínios, por exemplo, pode resguardar o síndico quando a assembleia postergar ou não aprovar as ações propostas para a implementação de determinados serviços fundamentais, indicados no laudo de inspeção predial, para a preservação da segurança de determinada edificação.

seis

Comentários ao projeto de norma da ABNT – NBR 16747

Esse projeto de norma da ABNT, de dezembro de 2018, contempla as diretrizes, os conceitos, a terminologia, os requisitos e os procedimentos da inspeção predial. Sua transcrição, com comentários, é apresentada a seguir.

Introdução

A inspeção predial é um processo que visa auxiliar na gestão da edificação e, quando realizada com periodicidade regular, contribui com a mitigação de riscos técnicos e econômicos associados à perda do desempenho. Sua periodicidade deve obedecer às leis e regulamentos vigentes, bem como à eventual recomendação do profissional da inspeção. Uma vez que a utilização da edificação é uma atividade dinâmica, assim como sua exposição permanente a agentes degradantes, os resultados da inspeção predial são referentes ao momento em que a inspeção foi realizada e, portanto, devem sempre ser associados à data da vistoria que a embasou.

A atividade de inspeção predial estabelecida nesta Norma tem por objetivo constatar o estado de conservação e funcionamento da edificação, seus sistemas e subsistemas, de forma a permitir um acompanhamento sistêmico do desempenho ao longo da vida útil, para que sejam mantidas as condições mínimas necessárias à segurança, habitabilidade e durabilidade da edificação.

Conforme as especificidades de cada edificação, serão determinados os sistemas, subsistemas, elementos e componentes construtivos a serem contemplados na inspeção predial. A atividade de

inspeção predial, pelo seu caráter de análise global da condição de conservação e funcionamento da edificação, inerentemente possui características multidisciplinares e pode demandar equipes com profissionais de diferentes formações.
A inspeção predial geral considerada nesta Norma não tem a finalidade de avaliar de forma exaustiva o cumprimento de todas as normas técnicas que se aplicam às edificações e, no caso dos empreendimentos imobiliários, não tem a finalidade de avaliar a aderência do empreendimento ao que foi vendido ou avaliar o atendimento aos requisitos da ABNT NBR 15575, pois se baseia na premissa de que, no ato de recebimento da edificação por parte do proprietário, é responsabilidade das construtoras e incorporadoras entregar o imóvel em consonância a todas as normas técnicas vigentes. Considera-se, também, que a mesma tem caráter fundamentalmente sensorial, destacando-se, assim, não ser parte do processo a identificação de problemas que não tenham manifestado sintomas ou sinais aparentes.
A inspeção predial objeto desta Norma também não substitui as atividades de inspeções periódicas que são parte dos programas de manutenção, conforme estabelecido na ABNT NBR 5674, que devem ser previstas nos manuais elaborados de acordo com a ABNT NBR 14037.

Comentários

O histórico da inspeção predial no Brasil, desde sua origem, em 1999, até seu desenvolvimento no Ibape e no Instituto de Engenharia, remete essa atividade a uma série de medidas condominiais, tais como: a análise da documentação técnica, administrativa e jurídica do condomínio; questionamentos ou anamnese condominial; a vistoria das áreas comuns com inspeção da construção, da manutenção e do uso; a análise de risco dos problemas condominiais; a recomendação das reparações; a determinação da responsabilidade do inspetor; e a indicação da periodicidade de novas inspeções, numa miscelânea administrativa, técnica e jurídica bem brasileira. O estudo de norma da ABNT não fugiu à regra, acrescentando a avaliação do desempenho nesse intricado rol de atividades.

Apesar do estudo de norma da ABNT definir a inspeção predial como um processo de avaliação das condições edilícias, predominantemente sensorial, o que se verifica no texto é a inclusão de outras atividades de Engenharia Diagnóstica além dessas avaliações técnicas, tais como a auditoria de manutenção, a classificação quanto à origem das anomalias e falhas, a avaliação do desempenho e a consultoria das recomendações das ações para restaurar ou preservar o desempenho, mantendo o espírito original de miscelânea das normas e diretrizes dos tempos iniciais.

O texto, em linhas gerais, baseou-se na norma do Ibape nacional, de 2012, e nas diretrizes do Instituto de Engenharia, de 2016, com a inclusão da classificação do nível aparente de desempenho da edificação, sem inovar em praticamente nada.

Mas muito poderá ser aprimorado no futuro, com a adoção dos princípios, ferramentas e classificações da recente doutrina de Engenharia Diagnóstica, disciplina das investigações técnicas de manifestações patológicas ou níveis de desempenho, e também com as notas técnicas preconizadas pela inspeção predial total, além de incluir avaliações da sustentabilidade, item fundamental da construção civil moderna.

Os diagnósticos de engenharia têm investigação similar aos diagnósticos médicos, ou seja, é preciso conhecer primeiramente as características gerais do "paciente" antes de qualquer exame direto mais aprofundado. E quais seriam essas características gerais, como obter essas informações? A busca preliminar de informações técnicas na construção civil, seguindo a mesma regra geral da Medicina, deve procurar conhecer as características gerais intrínsecas (genéticas) e extrínsecas (externas) do "paciente", como revela a Fig. 6.1.

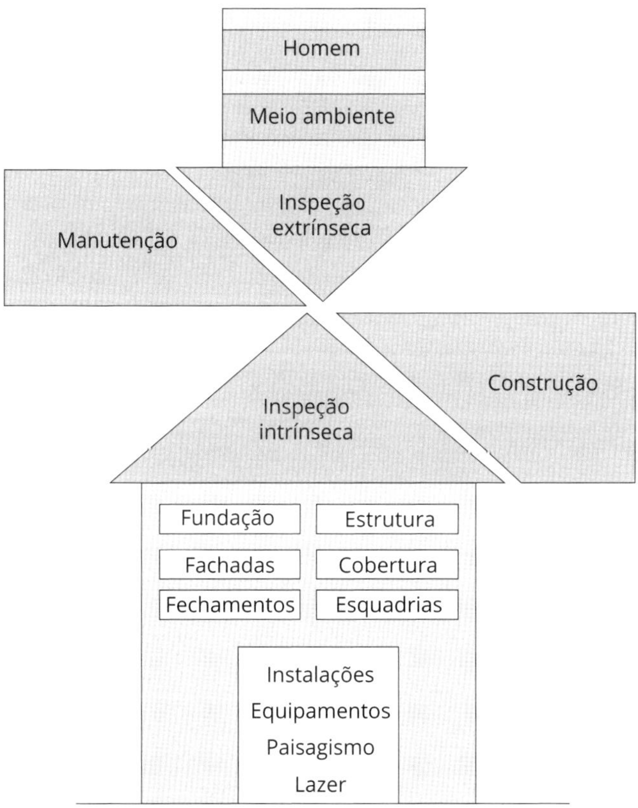

Fig. 6.1 *Inspeção extrínseca e intríseca da edificação*

As futuras revisões da norma de inspeção predial da ABNT seguramente seguirão a doutrina da Engenharia Diagnóstica e as notas técnicas da inspeção predial total. Porém, considerando a atual importância e necessidade da inspeção de obras de engenharia no Brasil, principalmente para evitar acidentes e, além disso, criar a quase inexistente cultura da manutenção de obras de engenharia no país, deve-se reconhecer que o texto desse estudo de norma, apesar da miscelânea, é bem-vindo.

> *1 Escopo*
> Esta Norma fornece diretrizes, conceitos, terminologia, requisitos e procedimentos relativos à inspeção predial, visando uniformizar metodologia, estabelecendo métodos e etapas mínimas da atividade.
> Esta Norma se aplica às edificações de qualquer tipologia, públicas ou privadas, para avaliação global da edificação, fundamentalmente através de exames sensoriais por profissional habilitado.
> *Nota*: em termos da lógica de um sistema de inspeção, a inspeção predial descrita nesta Norma ocupa a função de um exame "clínico geral" que avalia as condições globais da edificação e detecta a existência de problemas de conservação ou funcionamento, com base em uma análise fundamentalmente sensorial por um profissional habilitado. Com base nesta análise, pode ser recomendada a contratação de inspeções prediais especializadas ou outras ações para que se possa aprofundar e refinar o diagnóstico. Os procedimentos e recomendações para as inspeções prediais especializadas não estão cobertos por esta norma.

Comentários

As inspeções são aplicáveis para edificações de qualquer idade e não se restringem somente aos aspectos de conservação e funcionamento, incluindo também aqueles de ordem técnica.

> *2 Referências normativas*
> Para os efeitos deste documento, aplicam-se os seguintes termos e definições.
> * ABNT NBR 5674 – Manutenção de edificações – Requisitos para o sistema de gestão de manutenção.
> * ABNT NBR 13752 – Perícias de engenharia na construção civil.
> * ABNT NBR 14037 – Diretrizes para elaboração de manuais de uso, operação e manutenção das edificações – Requisito para elaboração e apresentação dos conteúdos.
> * ABNT NBR 15575-1 – Edificações habitacionais – Desempenho – Parte 1: Requisitos gerais.
> * ABNT NBR 15575-2 – Edificações habitacionais – Desempenho – Parte 2: Requisitos para os sistemas estruturais.
> * ABNT NBR 15575-3 – Edificações habitacionais – Desempenho – Parte 3: Requisitos para os sistemas de pisos.

* ABNT NBR 15575-4 – Edificações habitacionais – Desempenho – Parte 4: Requisitos para os sistemas de vedações verticais internas e externas – SVVIE.
* ABNT NBR 15575-5 – Edificações habitacionais – Desempenho – Parte 5: Requisitos para os sistemas de coberturas.
* ABNT NBR 15575-6 – Edificações habitacionais – Desempenho – Parte 6: Requisitos para os sistemas hidrossanitários.
* ABNT NBR 16280 – Reforma em edificações – Sistema de gestão de reformas – Requisitos.
* ABNT NBR ISO 5492 – Análise sensorial – Vocabulário.

3 *Termos e definições*
Para os efeitos deste documento, aplicam-se os termos e definições.

3.1 *Agentes de degradação*
Tudo aquilo que, ao agir sobre um sistema, contribui para reduzir seu desempenho.

3.2 *Análise sensorial*
Ciência relacionada à avaliação dos atributos sensoriais de um produto pelos órgãos dos sentidos, conforme ABNT NBR ISO 5492.

3.3 *Anamnese*
Etapa da inspeção predial que consiste em uma ou mais entrevistas para coleta de dados e obtenção de informações sobre o histórico da edificação, realizada com representantes qualificados para tanto.

3.4 *Anomalia*
Irregularidade, anormalidade e exceção à regra que ocasiona a perda de desempenho da edificação ou suas partes, oriunda da fase de projeto, execução ou final de vida útil, além de fatores externos, podendo, portanto, ser classificada como anomalia endógena, anomalia funcional ou anomalia exógena.

3.5 *Avaliação de desempenho na inspeção predial*
Constatação e análise sensorial do estado aparente de desempenho dos sistemas construtivos na fase de uso, operação e manutenção, considerando os requisitos dos usuários e o desempenho esperado dos elementos e sistemas analisados.
Nota: por esta definição, a avaliação de desempenho realizada durante a inspeção predial não tem por objetivo nem se detém em verificar se a edificação e seus sistemas atendem aos requisitos da ABNT NBR 15575-1, dado que essa condição, para edificações novas, é atestada pelo fabricante e não se aplica às edificações anteriores à vigência da norma ou não cobertas em seu escopo.

3.6 Condições de exposição
Conjunto de ações atuantes sobre a edificação, incluindo cargas gravitacionais, ações externas e ações resultantes da ocupação.

3.7 Conformidade
Atendimento a um ou mais requisitos estabelecidos em normas técnicas ou na legislação aplicável.

3.8 Conservação
Conjunto de operações que visa reparar, preservar ou manter em bom estado a edificação existente, conforme ABNT NBR 16280.

3.9 Critérios de desempenho
Especificações quantitativas dos requisitos de desempenho, expressos em termos de quantidades mensuráveis, a fim de que possam ser objetivamente determinados, conforme ABNT NBR 15575-1.

3.10 Degradação
Redução de desempenho devida à atuação de um ou de vários agentes de degradação, conforme ABNT NBR 15575-1.

3.11 Desempenho
Comportamento em uso de uma edificação e de seus sistemas (estruturas, fachadas, paredes externas, pisos, instalações hidrossanitárias, instalações elétricas), quando submetidos às condições de exposição e de uso a que estão sujeitos ao longo de sua vida útil e mediante as operações de manutenção previstas no projeto e na construção.

3.12 Deterioração
Degradação antes do final da vida útil dos materiais e/ou componentes das edificações, em decorrência de anomalias e/ou falhas de uso, operação e manutenção.

3.13 Durabilidade
Capacidade da edificação ou de seus sistemas de desempenhar suas funções ao longo do tempo e sob condições de exposição, de uso e manutenção previstas no projeto, na construção e no manual de uso e manutenção.
Nota: conforme a ABNT NBR 15575-1, o termo "durabilidade" é comumente utilizado como qualitativo para expressar a condição em que a edificação ou seus sistemas mantém o desempenho requerido durante a vida útil.

3.14 Estado aparente de desempenho (ou de conservação)
Situação da edificação em determinado momento, constatada sensorialmente pelo inspetor predial.

3.15 Expectativa de desempenho

Expectativa sobre o desempenho a ser considerada pelo inspetor predial, levando em conta a idade, época de construção e outras características específicas da edificação.

3.16 Falha (de uso, operação ou manutenção)

Irregularidade, anormalidade ou desgaste natural que implica no término da capacidade da edificação ou de suas partes de cumprir suas funções como requerido, ou seja, atingimento de um desempenho não aceitável (inferior ao desempenho mínimo requerido).

Nota: para os efeitos desta Norma, entende-se falha como uma perda de desempenho da edificação ou suas partes, decorrente de uso e/ou operação inadequados, e/ou da inadequação da elaboração, planejamento, execução e controle do plano de manutenção. Pode, portanto, ser classificada, respectivamente, como falha de uso, operação ou manutenção da edificação.

3.17 Inspeção predial

Processo de avaliação predominantemente sensorial das condições técnicas, de uso, operação, manutenção e funcionalidade da edificação e de seus sistemas e subsistemas construtivos, de forma sistêmica em um dado momento de sua vida útil (na data da vistoria), considerando os requisitos dos usuários.

3.18 Inspeção predial especializada

Processo que visa avaliar as condições técnicas, de uso, operação, manutenção e funcionalidade de um sistema ou subsistema específico, normalmente desencadeado pela inspeção predial, de forma a complementar ou aprofundar o diagnóstico.

Nota: em termos da lógica de um sistema de inspeção, a inspeção predial especializada ocupa a função de exames especializados, para avaliação de condições particulares de um sistema ou subsistema da edificação (instalações, estrutura portante, fachadas etc). Os procedimentos e recomendações para realização de inspeções prediais especializadas de diferentes sistemas e subsistemas são específicos e não estão cobertos por esta Norma.

3.19 Inspetor predial

Profissional habilitado responsável pela inspeção predial.

3.20 Manifestação patológica

Ocorrência resultante de um mecanismo de degradação. Sinais ou sintomas decorrentes da existência de mecanismos ou processos de degradação de materiais, componentes ou sistemas, que contribuem ou atuam no sentido de reduzir seu desempenho.

3.21 *Manutenção*
Conjunto de atividades a serem realizadas ao longo da vida útil da edificação, para conservar ou recuperar a capacidade funcional da edificação e de seus sistemas constituintes a fim de atender às necessidades e segurança dos seus usuários, conforme a ABNT NBR 15575-1.

3.22 *Manutenibilidade*
Grau de facilidade de um sistema, elemento ou componente de ser mantido ou recolocado no estado em que possa executar suas funções requeridas, sob condições de uso especificadas, quando a manutenção é executada sob condições determinadas, procedimentos e meios descritos na ABNT NBR 15575-1.

3.23 *Parecer técnico de inspeção predial*
Documento escrito, emitido pelo inspetor predial, que registra os resultados da inspeção predial, conforme 5.3.10.

3.24 *Patamares de prioridades*
Organização das prioridades, em patamares de urgência, tendo em conta as recomendações apresentadas pelo inspetor predial, necessárias para restaurar ou preservar o desempenho dos sistemas, subsistemas e elementos construtivos da edificação afetados por falhas, anomalias ou manifestações patológicas, conforme 5.3.7.

3.25 *Profissional habilitado*
Profissional com formação nas áreas de conhecimento da engenharia ou arquitetura e urbanismo, com registro no respectivo conselho de classe (Conselho Regional de Engenharia e Agronomia – CREA – e/ou Conselho de Arquitetura e Urbanismo – CAU), e consideradas suas atribuições profissionais.

3.26 *Plano de manutenção*
Programa para determinação das atividades essenciais de manutenção, sua periodicidade, responsáveis pela execução, documentos de referência e recursos necessários, todos referidos individualmente aos sistemas e, quando aplicável, aos elementos, componentes e equipamentos, conforme ABNT NBR 5674.

3.27 *Requisitos de desempenho*
Condições que expressam qualitativamente os atributos que a edificação e seus sistemas necessitam possuir, a fim de que possam atender aos requisitos do usuário.

3.28 *Requisitos do usuário*
Conjunto de necessidades do usuário, expressas tecnicamente, que precisam ser satisfeitas para que a edificação e suas partes possam cumprir plenamente suas funções conforme ABNT NBR 15575-1.

3.29 Sistema

Conjunto de elementos e componentes destinados a atender a uma macrofunção que o define (fundação, estrutura, pisos, vedações verticais, instalações hidrossanitárias e cobertura), sendo a maior parte funcional do edifício.
Nota: as partes 2 a 6 da ABNT NBR 15575 tratam de questões específicas relativas ao desempenho de alguns sistemas da edificação habitacional.

3.30 Usuário

Proprietário, titular de direitos ou pessoa que ocupa a edificação, conforme ABNT NBR 15575-1.

3.31 Vida útil (VU)

Período em que um edifício ou seus sistemas se prestam às atividades para as quais foram projetados e construídos, com atendimento dos níveis de desempenho esperados, considerando a periodicidade e a correta execução dos processos de manutenção especificados no respectivo manual de uso, operação e manutenção (a vida útil não pode ser confundida com prazo de garantia legal ou contratual).
Nota: além das definições de projeto, das características dos materiais e da qualidade da construção como um todo, interferem na vida útil o correto uso e operação da edificação e de suas partes, a constância e efetividade das operações de conservação (incluindo as operações de manutenção definidas no plano de manutenção), as alterações climáticas e de níveis de poluição no local da edificação e as mudanças no entorno da edificação ao longo do tempo (incluindo variações no trânsito de veículos, realização de obras de infraestrutura ou de expansão urbana nos arredores etc.). As negligências no atendimento integral dos programas definidos no manual de uso, operação e manutenção da edificação, bem como ações anormais do meio ambiente, irão reduzir o tempo de vida útil, podendo este ficar menor que o prazo teórico calculado como vida útil de projeto, conforme ABNT NBR 15575-1.

3.32 Vida útil de projeto (VUP)

Período estimado para o qual um sistema é projetado, a fim de atender aos requisitos de desempenho definidos em projeto, considerando o atendimento aos requisitos das normas aplicáveis, o estágio do conhecimento no momento do projeto e supondo o atendimento da periodicidade e correta execução dos processos de manutenção especificados no respectivo manual de uso, operação e manutenção.
Nota 1: a VUP não pode ser confundida com tempo de vida útil, durabilidade, prazo de garantia legal ou contratual.
Nota 2: a VUP é uma estimativa teórica de tempo que compõe o tempo de vida útil. O tempo de VU pode ou não ser atingido em função da eficiência e registro das manutenções, de alterações no entorno da obra, fatores climáticos etc., conforme ABNT NBR 15575.

> 3.33 *Vistoria*
> Processo de constatação, no local, do estado aparente de desempenho da edificação, por ocasião da data da vistoria.
> *Nota*: eventuais falhas, anomalias ou manifestações patológicas que afetam o comportamento em uso (ou seja, o desempenho) da edificação e seus sistemas, elementos e componentes construtivos são registradas durante a vistoria.

Comentários

Associar *anomalia* (item 3.4) somente à perda de desempenho poderá induzir o inspetor à exclusão de irregularidades construtivas que não se alteram com o transcorrer da vida útil, mas que podem trazer risco à vida ou eventual perda patrimonial. Seguindo essa lógica, e até mesmo para manter a definição dada pela NBR 13752 (ABNT, 1996), anomalia deve ser compreendida como "irregularidade, anormalidade, exceção à regra". Compete ainda destacar que, nas classificações dos tipos de anomalias, faltou a inclusão das anomalias oriundas dos fenômenos naturais, já que não são contempladas nas anomalias de origem exógena.

Na definição da *avaliação de desempenho na inspeção predial* (item 3.5), embora a nota existente acertadamente esclareça que a inspeção não tem por objetivo o atendimento dos requisitos da NBR 15575 (ABNT, 2013a), sugere que a inspeção predial não deve considerar as condições de desempenho, supondo que o fabricante atesta tais condições ou que a edificação pode ter sido projetada anteriormente à vigência normativa, ou ainda que o escopo dos trabalhos da inspeção predial não inclui a avaliação do desempenho. Essa condição não é condizente com a realidade técnica, já que as anomalias construtivas associadas à deficiência de projeto, de material ou de execução ou à falha de manutenção podem ocasionar deteriorações prematuras dos componentes, elementos ou sistemas, devendo, portanto, ser registradas na inspeção predial para todo tipo de edificação, independentemente de sua data de entrega ou idade. Salienta-se que sintomas indicativos de *perda de desempenho* precoce devem ser registrados e classificados, segundo o item 5.2.e da mesma norma, independentemente da idade. Insta destacar que a análise na norma de inspeção predial visa à identificação de uma perda de desempenho, que representa uma degradação precoce, decorrente de algum fator contribuinte ou de algum agente causador para esse fato.

> 4 *Atribuições profissionais*
> As inspeções prediais devem ser realizadas apenas por profissionais habilitados, devidamente registrados nos conselhos profissionais na área de engenharia e arquitetura (Conselho Regional de Engenharia e Agronomia – CREA

ou Conselho de Arquitetura e Urbanismo – CAU), dentro das respectivas atribuições profissionais contempladas nas Leis Federais nº 5.194, de 21/12/1966, e nº 12.378, de 31/12/2010, e resoluções do Conselho Federal de Engenharia e Agronomia (Confea) e Conselho de Arquitetura e Urbanismo do Brasil (CAU-BR). *Nota*: convém que os profissionais possuam capacitação na área específica e instruções complementares sobre desempenho das edificações, patologia das edificações, manutenção predial e/ou temas correlatos.

5 *Procedimento de inspeção predial*

5.1 *Abrangências da análise*
A inspeção predial baseia-se na constatação e análise do estado aparente de desempenho dos sistemas construtivos na fase de uso, operação e manutenção, considerando os requisitos dos usuários.
A análise consiste na constatação da situação da edificação quanto à sua capacidade de atender a suas funções segundo os requisitos dos usuários, com registro das anomalias, falhas de manutenção, uso e operação e manifestações patológicas identificadas nos diversos componentes de uma edificação.
Nota: recomenda-se que as normas técnicas utilizadas como referência para análise de requisitos ou análise das características de projeto da edificação sejam consideradas, levando em conta a época do projeto e a construção da edificação.
A abrangência da avaliação de desempenho na inspeção predial deve considerar no mínimo o seguinte subconjunto de requisitos dos usuários:

a. segurança.
   * segurança estrutural;
   * segurança contra incêndio;
   * segurança no uso e na operação.
b. habitabilidade.
   * estanqueidade;
   * saúde, higiene e qualidade do ar;
   * funcionalidade e acessibilidade.
c. sustentabilidade.
   * durabilidade;
   * manutenibilidade.

As atividades que compõem o procedimento de inspeção predial, descrito em 5.2, devem observar esta abrangência.

Comentários

Nas abrangências da análise sobre a inspeção predial, omitiu-se seu principal objetivo, notadamente a análise dos riscos oferecidos pela edificação, além de considerar os requisitos dos usuários, neste último caso contrariando as considerações da própria norma, especificamente sobre não contemplar o atendimento dos requisitos da NBR 15575.

5.2 Etapas da metodologia da inspeção predial

O processo de inspeção predial envolve as seguintes etapas:

a. levantamento de dados e documentação;
b. análise dos dados e documentação solicitados e disponibilizados;
c. anamnese para a identificação de características construtivas da edificação, como idade, histórico de manutenção, intervenções, reformas e alterações de uso ocorridas;
d. vistoria da edificação de forma sistêmica, considerando a complexidade das instalações existentes;
e. classificação quanto às origens das anomalias e falhas constatadas nos sistemas vistoriados (endógena, exógena e funcional);
f. recomendação das ações necessárias para restaurar ou preservar o desempenho dos sistemas, subsistemas e elementos construtivos da edificação afetados por falhas de uso, operação ou manutenção, anomalias ou manifestações patológicas constatadas e/ou não conformidade com a documentação analisada (considerando, para tanto, o entendimento dos mecanismos de deterioração atuantes e as possíveis causas das falhas, anomalias e manifestações patológicas);
g. organização das prioridades, em patamares de urgência, tendo em conta as recomendações apresentadas pelo inspetor predial, conforme estabelecido em 5.3.7;
h. avaliação da manutenção, conforme a ABNT NBR 5674;
i. avaliação do uso;
j. classificação do estado aparente de desempenho dos sistemas, subsistemas e/ou elementos construtivos;
k. redação e emissão do parecer técnico de inspeção.

O desenvolvimento das etapas deve ser planejado conforme o tipo da edificação, consideradas suas características construtivas, idade da construção, instalações e equipamentos e qualidade da documentação entregue ao profissional habilitado.

Comentários

A norma sugere, no item "f", que a inspeção predial exceda os trabalhos esperados do inspetor ao aventar a necessidade do conhecimento dos mecanismos de deterioração atuantes e das possíveis causas das falhas, anomalias e manifestações patológicas (cuja plena ciência dá-se mormente por meio de investigações, testes e ensaios técnicos especializados), sugestão sabidamente dirigida aos trabalhos de perícia. Cabe salientar que a inspeção predial, por sua própria definição normativa, baseia-se na análise predominantemente sensorial.

5.3 Objetivos

Os objetivos para cada uma das etapas descritas na metodologia são estabelecidos em 5.3.1 a 5.3.10.

5.3.1 *Levantamento de dados e documentação*
O profissional habilitado deve solicitar acesso para consulta aos documentos que devem servir à análise, conforme recomendado no Anexo A.
A listagem dos documentos solicitados deve ser confrontada com a fornecida, consignando-se no parecer de inspeção predial.

5.3.2 *Análise dos dados e documentação solicitados e disponibilizados*
O profissional habilitado deve verificar se os documentos técnicos, em geral, estão devidamente arquivados e em poder do responsável legal, proprietário, síndico ou gestor predial, conforme ABNT NBR 5674 e ABNT NBR 14037.
As não conformidades constatadas na análise da documentação devem estar relacionadas e descritas no parecer técnico de inspeção predial.

5.3.3 *Anamnese para a identificação de características construtivas da edificação (idade, histórico de manutenção, intervenções, reformas e alterações de uso ocorridas etc.)*
Obter informações e coletar dados, por meio de entrevistas, sobre a edificação e seu histórico, para instruir o profissional habilitado na realização da inspeção predial.

5.3.4 *Vistorias da edificação de formas sistêmicas, considerando a complexidade das instalações existentes*
Vistoria da edificação para constatação das anomalias e falhas de manutenção, uso e operação (e de suas eventuais repercussões em termos de sinais e sintomas de deterioração), considerando os requisitos dos usuários e sua consequente perda de desempenho.
As vistorias devem considerar:

- características construtivas;
- idade das instalações e da construção e vida útil prevista;
- exposição ambiental da edificação;
- agentes (e processos) de degradação (atuantes);
- expectativa sobre o desempenho.

As vistorias podem ser realizadas por equipe multidisciplinar, conforme a complexidade e/ou especificidade das instalações existentes na construção.
Conforme já destacado no texto de introdução desta Norma, a inspeção predial contemplada nesta Norma tem caráter fundamentalmente sensorial, e, portanto, não é capaz de identificar vícios ocultos que não tenham manifestado sintomas ou sinais aparentes.

Comentários

O item 5.3.4 sugere, genericamente, que a vistoria da edificação deve considerar os requisitos dos usuários, quando não há o que se falar em requisitos dos usuários para edifícios anteriores à vigência da NBR 15575.

5.3.5 Classificação quanto à origem das anomalias e falhas de manutenção, uso e operação

Para classificação das anomalias e falhas de manutenção, uso e operação constatadas nos elementos, sistemas e subsistemas construtivos vistoriados, devem ser considerados os seguintes conceitos:

a. As anomalias caracterizam-se pela perda de desempenho de um elemento, subsistema ou sistema construtivo. Na inspeção predial, devem ser analisadas e classificadas quanto à origem em:
   - *endógena ou construtiva*: quando a origem da perda de desempenho está nas etapas de projeto e/ou execução;
   - *exógena*: quando a origem da perda de desempenho relaciona-se a fatores externos à edificação, provocados por terceiros;
   - *funcional*: quando a perda de desempenho relaciona-se ao envelhecimento natural e consequente término da vida útil.
b. As falhas caracterizam-se pela perda de desempenho de um elemento, subsistema ou sistema construtivo, entretanto com origem na fase de uso, operação e manutenção.

Comentários

O item 5.3.5 limita como causa das anomalias exclusivamente a perda de desempenho, quando na realidade incluem-se as irregularidades e as anormalidades construtivas. Limitação similar é feita às falhas, quando estas últimas, além de igualmente poderem estar relacionadas à perda de desempenho, também podem ser atribuídas às funcionalidades irregulares dos equipamentos ou às ineficiências operacionais, entre outros.

5.3.6 Recomendação das ações necessárias para restaurar ou preservar o desempenho dos sistemas, subsistemas e elementos construtivos da edificação

As recomendações técnicas para correção ou mitigação das anomalias, falhas de uso, operação ou manutenção, manifestações patológicas e/ou não conformidades com a documentação analisada, constatadas durante o processo de inspeção predial, devem ser apresentadas de forma clara e acessível, possibilitando fácil compreensão ao responsável legal, gestor, síndico ou proprietário. Recomenda-se indicar manuais, ilustrações e normas pertinentes para facilitar as futuras providências do contratante.

As recomendações técnicas podem indicar a necessidade de contratação adicional de profissional especialista (para inspeção predial especializada) e/ou serviços técnicos com ensaios e avaliações específicas, para emissão de relatórios e pareceres complementares ao parecer técnico de inspeção predial entregue.

Comentários

Não cabe restringir as verificações de não conformidades apenas à documentação analisada, quando podem existir não conformidades técnicas, legais e normativas capazes de colocar em risco a vida do usuário ou submeter a edificação à perda patrimonial.

5.3.7 Organização das prioridades, em patamares de urgência, tendo em conta as recomendações apresentadas pelo inspetor predial

As recomendações técnicas para correção ou mitigação das anomalias, falhas de uso, operação ou manutenção, manifestações patológicas e/ou não conformidades com a documentação analisada devem ser organizadas em patamares de urgência, conforme a seguir.

a. *Prioridade 1*: ações necessárias quando a perda de desempenho compromete a saúde e/ou a segurança dos usuários, e/ou a funcionalidade dos sistemas construtivos, com possíveis paralisações; comprometimento de durabilidade (vida útil) e/ou aumento expressivo de custo de manutenção e de recuperação. Também devem ser classificadas no patamar "Prioridade 1" as ações necessárias quando a perda de desempenho, real ou potencial, pode gerar riscos ao meio ambiente.
b. *Prioridade 2*: ações necessárias quando a perda parcial de desempenho (real ou potencial) tem impacto sobre a funcionalidade da edificação, sem prejuízo à operação direta de sistemas e sem comprometer a saúde e segurança dos usuários.
c. *Prioridade 3*: ações necessárias quando a perda de desempenho (real ou potencial) pode ocasionar pequenos prejuízos à estética ou quando as ações necessárias são atividades programáveis e passíveis de planejamento, além de baixo ou nenhum comprometimento do valor da edificação. Neste caso, as ações podem ser feitas sem urgência porque a perda parcial de desempenho não tem impacto sobre a funcionalidade da edificação, não causa prejuízo à operação direta de sistemas e não compromete a saúde e segurança do usuário.

Comentários

Novamente, restringem-se as verificações de não conformidades à documentação analisada, quando na realidade podem existir demais não conformidades técnicas, legais e normativas capazes de colocar em risco a vida do usuário ou submeter a edificação à perda patrimonial.

5.3.8 Avaliação da manutenção e uso

A avaliação do estado de manutenção e condições de uso deve sempre ser fundamentada, considerando as perdas de desempenho dos sistemas, frente às constatações das falhas de uso, operação ou manutenção, confrontando-se com as condições previstas em projeto e construção cujos dados e informações estejam disponíveis.

São elementos observados no trabalho de inspeção predial que devem ser considerados na avaliação da manutenção: falhas constatadas; não conformidades registradas nos documentos analisados e pertinentes à manutenção; não conformidades em relação ao disposto na ABNT NBR 5674 e às recomendações da construtora indicadas nos manuais de uso, operação e manutenção (se existentes); organização das prioridades quanto às ações necessárias ao desempenho dos sistemas, subsistemas e elementos construtivos.
Também deve ser observado o atendimento à ABNT NBR 5674, no que diz respeito às responsabilidades pela manutenção da edificação.
Além disso, devem ser analisadas as condições de regularidade do uso, consideradas as condições previstas em projeto.

5.3.8.1 *Para a avaliação da manutenção*
Para esta avaliação e atendimento ao descrito em 5.3.7, especificamente em relação à conformidade do plano de manutenção analisado e seu efetivo cumprimento e coerência com a idade dos sistemas construtivos inspecionados, seu uso regular e sua condição de exposição ambiental, tem-se:

a. Avaliação do plano de manutenção:
   * coerência do plano de manutenção em relação ao que foi recomendado pela construtora e ao que foi especificado por fabricantes de equipamentos e sistemas inspecionados nos respectivos manuais de uso e manutenção, que devem ter sido elaborados em conformidade com a ABNT NBR 14037;
   * coerência do plano de manutenção em relação ao preconizado em normas e instruções técnicas de engenharia específicas;
   * a frequência e adequação de rotinas à idade das instalações, ao uso, exposição ambiental, entre outros aspectos técnicos que permitam que o profissional habilitado avalie a eficácia do plano de manutenção executado.
b. Avaliação do cumprimento e execução das atividades previstas no plano de manutenção:
   * verificar se existem as condições mínimas necessárias de acesso aos equipamentos e sistemas, permitindo a plena realização das atividades propostas no plano de manutenção;
   * verificar as condições de segurança para o mantenedor e usuários da edificação, durante a execução da manutenção;
   * verificar a efetiva execução das atividades dispostas no plano de manutenção quanto aos procedimentos técnicos, periodicidades e demais recomendações de normas, manuais de fabricantes e outros documentos.

5.3.8.2 *Para a avaliação do uso*
A avaliação do uso de cada sistema construtivo da edificação é parametrizada pela análise em relação ao tipo de uso previsto em projeto, conforme a seguir.

a. Em caso de inexistência de informações de projetos que estabeleçam os parâmetros operacionais e de uso de sistemas para a edificação inspecionada, o inspetor predial deve observar as normas técnicas, dados de fabricantes, legislação específica e outros documentos que indiquem o uso adequado dos elementos, sistemas e equipamentos inspecionados.
b. A avaliação do uso é classificada em: regular ou irregular, sendo que:
   * *uso regular*: ocorre quando o uso está de acordo com o previsto em projetos, normas técnicas, dados de fabricantes e manual de uso, operação e manutenção;
   * *uso irregular*: ocorre quando o uso apresenta divergência em relação ao que foi previsto em projetos, normas técnicas, dados de fabricantes e manual de uso, operação e manutenção.

Comentários

A norma contesta sua própria definição ao omitir a avaliação das condições técnicas, limitando-se apenas a avaliar as condições do estado de manutenção e condição de uso, e também ao omitir a existência de falha técnica, considerando somente as falhas de uso, operação ou manutenção. Compete ressaltar que a qualidade dos documentos e das informações prestadas é essencial para a fundamentação das análises eminentemente sensoriais a serem proferidas pelo inspetor predial.

5.3.9 *Classificação do estado aparente de desempenho dos sistemas construtivos*

O inspetor predial deve informar a classificação sobre o estado aparente de desempenho dos sistemas construtivos inspecionados mediante todas as constatações realizadas.

Adota-se, nesta Norma, classificação para o estado aparente de desempenho dos sistemas, conforme a seguir:

a. *classe 1 de desempenho*: desempenho adequado ao uso, quando o sistema ou elemento não apresenta qualquer situação ou manifestação que impeça o uso normal da edificação do ponto de vista dos requisitos de segurança, habitabilidade e durabilidade;
b. *classe 2 de desempenho*: desempenho que requer recomendações corretivas e/ou preventivas, quando o sistema ou elemento não apresenta situação que impeça o uso normal da edificação, não apresenta situação que prejudique a segurança, habitabilidade ou durabilidade para os usuários, mas que requer intervenções preventivas e/ou corretivas decorrentes das constatações feitas na inspeção, visando prevenir e/ou corrigir manifestações patológicas ou fatores que prejudiquem o desempenho;
c. *classe 3 de desempenho*: desempenho inadequado ao uso, quando as manifestações patológicas detectadas prejudicam a segurança e/ou a saúde dos usuários.

5.3.10 *Redação e emissão do parecer técnico de inspeção*

O parecer técnico de inspeção predial é o documento completo resultante da inspeção realizada, que deve ter, no mínimo, o seguinte conteúdo:

a. identificação do solicitante ou contratante e responsável legal da edificação;
b. descrição técnica da edificação (localização, mês e ano de início da ocupação, tipo de uso, número de edificações quando for empreendimento de múltiplas edificações, número de pavimentos, número de unidades quando for edificação com unidades privativas, área construída, tipologia dos principais sistemas construtivos e descrição mais detalhada, quando necessário);
c. data das vistorias que compuseram a inspeção;
d. documentação solicitada e documentação disponibilizada;
e. análise da documentação disponibilizada;
f. descrição completa da metodologia da inspeção predial, acompanhada de dados, fotos, croquis, normas ou documentos técnicos utilizados, ou o que for necessário para deixar claros os métodos adotados;
g. lista dos sistemas, elementos, componentes construtivos e equipamentos inspecionados e não inspecionados;
h. descrição e classificação (quanto à origem) das anomalias e falhas de uso, operação ou manutenção constatadas;
i. recomendação das ações necessárias para restaurar ou preservar o desempenho dos sistemas, subsistemas e elementos construtivos da edificação afetados por falhas de uso, operação ou manutenção, anomalias ou manifestações patológicas constatadas e/ou não conformidade com a documentação analisada (considerando, para tanto, o entendimento dos mecanismos de deterioração atuantes e as possíveis causas das falhas, anomalias e manifestações patológicas);
j. organização das prioridades, em patamares de urgência, tendo em conta as recomendações apresentadas pelo inspetor predial, conforme estabelecido em 5.3.7;
k. avaliação da manutenção dos sistemas e equipamentos e das condições de uso da edificação;
l. classificação do estado aparente de desempenho dos sistemas construtivos;
m. conclusões e considerações finais;
n. data do parecer técnico de inspeção predial;
o. assinatura do(s) profissional(ais) responsável(eis), acompanhada do nº do CREA ou do CAU;
p. Anotação de Responsabilidade Técnica (ART) ou Registro de Responsabilidade Técnica (RRT).

Comentários

Da mesma forma que o item 5.2, o item 5.3.10.i sugere a necessidade do conhecimento dos mecanismos de deterioração atuantes e das possíveis causas das falhas, anomalias e manifestações patológicas, cuja plena ciência dá-se mormente através de investigações, testes e ensaios técnicos especializados, contrariando a própria definição normativa da inspeção, baseada na análise predominantemente sensorial.

> *Anexo A (informativo) – Documentação a ser analisada*
> Recomenda-se analisar, quando disponíveis e existentes, os documentos administrativos, técnicos, manutenção e operação da edificação indicados na Tabela A.1.
> A lista apresentada necessita ser adequada pelo profissional de inspeção em função do tipo e complexidade da edificação, de suas instalações e sistemas construtivos e ainda das características das exigências legais do Estado e município.
> Tabela A.1 – Documentos administrativos, técnicos e de operação/manutenção
> [...]

Comentários

Sugere-se ressalvar o quão fundamental é o fornecimento de documentos e informações completas do empreendimento, dentro do possível, para o bom andamento das análises e o bom resultado final dos trabalhos de inspeção predial.

> *Bibliografia*

> [1] Lei Federal nº 5.194, de 21/12/1966.
> [2] Lei Federal nº 12.378, de 31/12/2010.
> [3] Resolução nº 1.010, de 22/8/2005, do Conselho Federal de Engenharia e Agronomia (Confea).
> [4] Resolução nº 21, de 5/4/2012, do Conselho de Arquitetura e Urbanismo do Brasil (CAU-BR).

sete

Novas diretrizes de inspeção predial total

As presentes diretrizes técnicas do Instituto de Engenharia foram desenvolvidas com base nas diretrizes criadas pelos autores, publicadas nas duas edições anteriores deste livro.

Diretrizes técnicas de inspeção predial – 7/10/2013 – DT 001/13 DTPC (IE, 2016)

Instituto de Engenharia
Presidente: Camil Eid
Vice-Presidente Técnica: Miriana Marques Pereira
Diretor de Engenharia de Produção: Jerônimo Cabral Pereira Fagundes Neto
Coordenador da Divisão de Patologia das Construções: Tito Lívio Ferreira Gomide

Comissão de estudos
Coordenadores: Tito Lívio Ferreira Gomide, Jerônimo Cabral Pereira Fagundes Neto, Marco Antonio Gullo, Odair Vinagreiro e Stella Marys Della Flora
Relatores: Tito Lívio Ferreira Gomide e Stella Marys Della Flora
Membros: Odair Vinagreiro, Stella Marys Della Flora, Ricardo Lyra, Antonio Guilherme Menezes Braga, Luciano Gomide Giglio, Miriana Marques Pereira, Jerônimo Cabral Pereira Fagundes Neto, Marco Antonio Gullo, Tito Lívio Ferreira Gomide e Miguel Tadeu Campos Morata

1 Prefácio

Com o advento da inspeção predial no Brasil, em 1999, e a criação da Engenharia Diagnóstica, em 2005, foram devidamente classificadas cinco ferramentas diagnósticas dos exames em edificações (vistorias, inspeções, auditorias, perícias e consultorias), visando a ações investigativas proativas de qualidade, sustentabilidade e responsabilidade social das edificações.

Neste contexto, e considerando que a segurança, qualidade, sustentabilidade e valorização das edificações dependem da manutenção predial, que se configura como uma das condicionantes para se atingir o patamar técnico e vida útil pretendida, muito evoluíram os estudos diagnósticos voltados às edificações. Tais estudos foram coroados com as recentes normas de manutenção e desempenho da ABNT. Porém, tais diplomas técnicos somente se viabilizam com base em diagnósticos técnicos seguros, realizados por profissionais habilitados e especializados, mediante a utilização de metodologias e critérios técnicos de fácil aplicação prática, sendo a inspeção predial uma ferramenta diagnóstica fundamental no enfoque da qualidade das edificações.

Assim sendo, os estudos do momento se voltam para a inspeção predial e, inclusive, caminham em comissão própria da ABNT. Porém, muitos aprimoramentos se desenvolvem em outras frentes, tal qual a contribuição da Divisão Técnica de Patologias das Construções do Instituto de Engenharia, com a criação das presentes diretrizes técnicas de inspeção predial, tudo em benefício da sociedade e, particularmente, dos profissionais envolvidos com a Engenharia Diagnóstica em Edificações.

2 Introdução

O roteiro de trabalho da inspeção predial não é único, porém, como ocorre com a maioria dos trabalhos técnicos investigativos, é recomendável um rumo que possibilite sistematizar as ações mais genéricas, facilitando o desenvolvimento da atividade.

Os procedimentos técnicos de inspeção predial precisam ser pautados com base nos novos enfoques doutrinários e práticos, estes determinados pelas recentes normas de desempenho e manutenção predial da ABNT, além dos preceitos da moderna doutrina da Engenharia Diagnóstica. As presentes diretrizes técnicas atendem a essas novidades, além de manter e aprimorar o que já ficou consagrado com a boa prática da disciplina, desde a sua implantação no Brasil, em 1999.

A inspeção predial é uma ferramenta diagnóstica fundamental no enfoque da qualidade das edificações. Distinguir as anomalias, falhas de manutenção e irregularidades de uso, além de abordar os sistemas das edificações, classificá-las pela prioridade técnica em relação à intervenção e fornecer subsídios fundamentais para permitir ao inspetor predial ou representante legal da edificação o gerenciamento das ações da manutenção, reformas, enfim, cumprir o plano de manutenção predial associado ao programa de intervenções primárias, visando à preservação do patrimônio em sua vida útil, aplicável a todas as edificações, independentemente da tipologia e idade.

3 Objetivo

As presentes diretrizes contemplam todos os procedimentos técnicos necessários, com conceitos, classificações e demais regramentos relativos à prática da inspeção predial, voltada às diversas tipologias das edificações. Entre os principais objetivos dessas diretrizes, podem ser citados:

a. indicação da documentação técnica-legal necessária à pratica da inspeção predial, em suma, da gestão da manutenção predial;
b. instituição de conceitos aplicáveis ao tema;
c. apresentação das avaliações e procedimentos técnicos da atividade, com diretrizes para a elaboração do laudo técnico de inspeção predial;
d. indicação das recomendações técnicas e ordem prioritária das intervenções;
e. apresentação das incumbências e responsabilidade dos inspetores.

4 Documentos complementares

4.1 Aplicação das diretrizes

Na aplicação destas diretrizes é necessário consultar e atender às normas técnicas correlatas e legislação pertinente, dando-se destaque aos seguintes preceitos legais:

4.2 Preceitos legais

- Legislações profissionais de engenheiros e arquitetos;
- Código de Obras;
- Constituição Federal;
- Código Civil;
- Código de Processo Civil;
- Código Penal;
- Código Comercial;
- Código de Águas;
- Código de Defesa do Consumidor;

* Código Sanitário Estadual;
* Legislação Ambiental;
* Código Florestal;
* Normas Técnicas;
* Legislações Federais;
* Todas as normas técnicas que venham a ser consideradas pertinentes aos casos-alvo da especialidade das inspeções, inclusive as internacionais.

5 Conceitos

Para efeito destas diretrizes, aplicam-se os conceitos e definições das normas citadas, e também os seguintes:

* *Análise técnica:* inferência decorrente de informações e interpretações observadas pelo técnico habilitado, na inspeção da edificação.
* *Anomalia construtiva*: aquela de origem endógena por deficiências do projeto, dos materiais ou da execução.
* *Anomalia funcional*: aquela decorrente da degradação natural ou uso intenso.
* *Auditoria técnica*: atestamento técnico, ou não, de conformidade de um fato, condição ou direito relativo a uma edificação.
* *Avaliação técnica*: nota técnica de condição edilícia.
* Checklist: é o conjunto de tópicos prediais a serem inspecionados e avaliados.
* *Conformidade, ou não*: resultado ou indicação positiva ou negativa quanto ao atendimento de especificações ou índices estabelecidos em contrato, regulamento, norma ou outro referencial preestabelecido.
* *Dano*: irregularidade de origem exógena, causado por vandalismos ou acidente.
* *Degradação*: redução do desempenho devida à atuação, ou não, de vários agentes de degradação.
* *Agentes de degradação*: tudo aquilo que age sobre um sistema, contribuindo para reduzir seu desempenho.
* *Desempenho*: comportamento em uso de um edifício e de seus sistemas.
* *Engenharia Diagnóstica*: disciplina dos estudos e ações proativas das investigações técnicas das patologias prediais, representadas pelas anomalias construtivas, falhas de manutenção e irregularidades de uso.
* *Falhas de manutenção*: aquelas do planejamento, gestão ou operação.
* *Graus de qualidade predial*: classificação da qualidade geral com base nos resultados das condições técnicas: construtivas, de manutenção e de uso.

- *Inspeção predial*: avaliação técnica da edificação em uso, visando preservar seu desempenho original.
- *Inspeção técnica*: análise técnica de determinado fato, condição ou direito relativo a um objeto.
- *Manutenção*: conjunto de atividades e recursos que garanta o melhor desempenho da edificação para atender às necessidades dos usuários, com confiabilidade e disponibilidade, ao menor custo possível.
- *Manutenção (NBR 15575)*: conjunto de atividades a serem realizadas para conservar ou recuperar a capacidade funcional da edificação e seus sistemas constituintes, a fim de atender às necessidades e segurança dos seus usuários.
- *Manifestação patológica*: anomalia que se manifesta no produto em função de problemas no projeto, na fabricação, na instalação, na execução, na montagem, no uso ou na manutenção, bem como problemas que não decorrem do envelhecimento natural.
- *Níveis de inspeção predial*: classificação quanto à complexidade da inspeção e à elaboração de seu laudo, quanto à necessidade do número de profissionais envolvidos e à profundidade nas análises e classificações.
- *Nota técnica de condição construtiva*: resultado da avaliação de qualidade dos projetos e construção dos sistemas e equipamentos da edificação.
- *Nota técnica de condição de manutenção*: resultado da avaliação de qualidade do planejamento, gestão e operação da edificação.
- *Nota técnica de condição de uso*: resultado da avaliação das condições de uso regular da edificação.
- *Nota técnica de degradação*: avaliação técnica nos padrões *I*, *M* e *S*, calculados através das anotações no *checklist* específico.
- *Patologias prediais*: doenças técnicas representadas pelas anomalias construtivas, falhas de manutenção ou irregularidade de uso das edificações.
- *Qualidade predial*: composição total das condições técnicas de construção, manutenção e uso da edificação, frente às expectativas estabelecidas.

6 Critério técnico

O critério técnico para a elaboração de laudos de inspeção predial baseia-se na visão sistêmica tridimensional, para avaliar a qualidade predial da construção, da manutenção e do uso, em atendimento ao desempenho. O esquema sinóptico tridimensional é o seguinte:

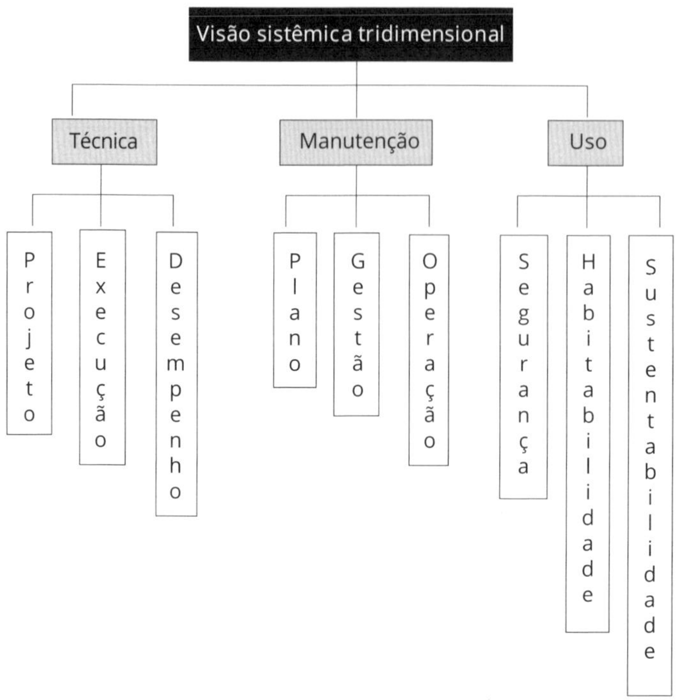

7 CLASSIFICAÇÃO DO TIPO DA EDIFICAÇÃO

Estas diretrizes de inspeção predial atendem prioritariamente às edificações em geral, que podem ser classificadas nos seguintes tipos ou tipologias:

- comerciais (lojas e prédios);
- residenciais (casas e prédios);
- industriais (galpões);
- rurais (galpões);
- especiais de uso privado (*shoppings*, hipermercados, agências bancárias);
- especiais de uso público (escolas, hospitais, repartições públicas, universidades);
- temporárias (estandes, coberturas);
- outros (portuárias, ferroviárias, rodoviárias e aeroportuárias).

8 CLASSIFICAÇÃO DO MODELO DA EDIFICAÇÃO

Sob a ótica da inspeção predial as edificações podem ser classificadas nos seguintes modelos:

- *N – normal*: edifícios com instalações e equipamentos básicos;
- *E – especial*: edifícios com equipamentos complexos e/ou automação, obras de arte especiais e demais construções com estrutura e fundações especiais. Recomenda-se visita técnica no objeto da inspeção predial antes da contratação da inspeção, para bem especificar tipo, modelo e complexidade da edificação.

9 Classificação do nível de inspeção predial

A inspeção predial será classificada de acordo com a tipologia, modelo e complexidade da edificação ou nível de complexidade pretendido, indicando-se os seguintes tipos:

- *Nível N*: inspeção de um ou mais especialistas, voltada principalmente para edificações de modelo N – normal.
- *Nível E*: inspeção de equipe com dois ou mais especialistas, voltada principalmente para edificações de classe E – especial, podendo em sua análise conclusiva recomendar serviços adicionais, tais como ensaios tecnológicos, auditorias, perícias e consultorias.

10 Análise documental

Deve-se analisar o conteúdo da documentação disponível, bem como sua compatibilidade, ou não, no sentido de resgatar providências para torná-las disponíveis para o acervo documental da edificação.

Na inspeção predial de nível E, é recomendável a verificação prévia de documentos específicos, tais como a convenção condominial e o manual de uso, operação e manutenção, quando disponível, ou outro(s), visando à análise de parâmetros pertinentes para definição do tipo e padrão do edifício em estudo.

Recomenda-se adotar, no caso de edificações condominiais, a tabela do Anexo A da NBR 14037 – *Diretrizes para elaboração de manuais de uso, operação e manutenção das edificações* da ABNT, consoante segue:

Anexo A da NBR 14037 da ABNT – Da documentação técnica e legal do condomínio

A.1 Introdução

A Tabela A.1 relaciona os principais documentos que devem fazer parte da documentação do condomínio, sendo que alguns deles são entregues pela construtora ou incorporadora e os demais devem ser providenciados pelo condomínio, conforme Tabela A.1.

Tabela A.1 Incumbência pelo fornecimento inicial a cargo da construtora ou incorporadora – incumbência pela renovação a cargo do proprietário ou condomínio e periodicidades

Documento	Incumbência pelo fornecimento inicial	Incumbência pela renovação	Periodicidade da renovação
Manual do proprietário	Construtora ou incorporadora	Proprietário	Pelo proprietário quando houver alteração na fase de uso
Manual das áreas comuns	Construtora ou incorporadora	Condomínio	Pelo condomínio quando houver alteração na fase de uso ou legislação
Certificado de garantia dos equipamentos instalados	Construtora ou incorporadora	Condomínio	A cada nova aquisição/ manutenção
Notas fiscais dos equipamentos	Construtora ou incorporadora	Condomínio	A cada nova aquisição/ manutenção
Manuais técnicos de uso, operação e manutenção dos equipamentos instalados	Construtora ou incorporadora	Condomínio	A cada nova aquisição/ manutenção
Auto de conclusão (Habite-se)	Construtora ou incorporadora	Não há	Não há
Alvará de aprovação e execução de edificação	Construtora ou incorporadora	Não há desde que inalteradas as condições do edifício	Não há
Alvará de instalação de elevadores	Construtora ou incorporadora	Não há desde que inalteradas as condições do edifício	Não há
Alvará de funcionamento de elevadores	Construtora ou incorporadora	Condomínio	Não há
Auto de Vistoria de Corpo de Bombeiros (AVCB)	Construtora ou incorporadora	Condomínio	Verificar legislação estadual específica

Tabela A.1 (continuação)

Documento		Incumbência pelo fornecimento inicial	Incumbência pela renovação	Periodicidade da renovação
Projetos legais	Projeto aprovado	Construtora ou incorporadora	Não há	Não há
	Incêndio	Construtora ou incorporadora	Não há	Não há
Projetos aprovados em concessionárias		Construtora ou incorporadora	Não há	Não há
Projetos executivos (ver 5.7.6.2)		Construtora ou incorporadora	Não há	Não há
Memorial de incorporação		Construtora ou incorporadora	Não há	Não há
Especificação, instituição de condomínio		Condomínio *Importante:* a minuta é de responsabilidade do incorporador	Não há	Não há
Ata da assembleia de instalação do condomínio (registrada)		Condomínio	Condomínio	A cada alteração do síndico
Convenção condominial		Condomínio	Condomínio	Quando necessário
Regulamento interno		Condomínio *Importante:* a minuta é de responsabilidade do incorporador	Condomínio	Quando necessário
Relação de proprietários		Condomínio	Condomínio	A cada alteração
Licenças ambientais		Construtora ou incorporadora	Condomínio	Quando necessário
Termos de Ajustamento de Conduta Ambientais (TAC)		Construtora ou incorporadora	Condomínio	Quando necessário

Tabela A.1 (continuação)

Documento	Incumbência pelo fornecimento inicial	Incumbência pela renovação	Periodicidade da renovação
Recibo de pagamento do IPTU do último ano de obra, boleto(s) de IPTU(s) a ser(em) pago(s), cópia do processo de desdobramento do IPTU e carnês IPTU desdobrado	Construtora ou incorporadora	Condomínio	Não há
Recibo de pagamento da concessionária de energia elétrica (último pagamento)	Construtora ou incorporadora	Condomínio	Não há
Recibo de pagamento da concessionária de água e esgoto (último pagamento)	Construtora ou incorporadora	Condomínio	Não há
Atestado do *start-up* do gerador	Construtora ou incorporadora	Não há	Não há
Certificado de abrangência do grupo gerador	Construtora ou incorporadora	Condomínio	No primeiro ano e depois a cada três anos para edifícios residenciais e comerciais e a cada dois anos para locais de reunião de público
Certificado de limpeza, desinfecção e potabilidade dos reservatórios de água potável	Construtora ou incorporadora	Condomínio	A cada seis meses

Tabela A.1 (continuação)

Documento	Incumbência pelo fornecimento inicial	Incumbência pela renovação	Periodicidade da renovação
Declaração de limpeza do poço de esgoto, poço de água servida, caixas de drenagem e esgoto	Construtora ou incorporadora	Condomínio	A cada ano
Relatório de vistoria de entrega de obra	Construtora ou incorporadora	Não há	Não há
Relação de equipamentos, móveis, eletrodomésticos, objetos de decoração entregues ao condomínio (quando aplicável)	Construtora ou incorporadora	Não há	Não há
Cadastro do condomínio no sindicato patronal	Condomínio	Condomínio	Não há
Atestado de instalação de gás e instalações hidráulicas e outras instalações prediais (quando aplicável)	Construtora ou incorporadora	Condomínio	Verificar legislação específica
Atestado de instalações elétricas	Construtora ou incorporadora	Condomínio	Verificar legislação específica
Atestado – Sistema de Proteção contra Descargas Atmosférica – SPDA	Construtora ou incorporadora	Condomínio	A cada ano
Medição ôhmica (com terrômetro calibrado e aferido pelo Inmetro)	Construtora ou incorporadora	Condomínio	A cada cinco anos para edificações residenciais ou comerciais e a cada três anos para edificações com grandes concentrações públicas
Livro de atas de assembleias/presença	Condomínio	Condomínio	A cada alteração

Tabela A.1 (continuação)

Documento	Incumbência pelo fornecimento inicial	Incumbência pela renovação	Periodicidade da renovação
Livro do conselho consultivo	Condomínio	Condomínio	A cada alteração
Inscrição do edifício na receita federal (CNPJ)	Condomínio	Condomínio	A cada alteração do síndico
Inscrição do condomínio no ISS	Condomínio	Condomínio	Não há
Inscrição do condomínio no sindicato dos empregados	Condomínio	Condomínio	Não há
Apólice de seguro de incêndio ou outro sinistro que cause destruição (obrigatório) e outros opcionais	Condomínio	Condomínio	A cada ano
Relação de moradores	Condomínio	Condomínio	A cada alteração
Procurações (síndico, proprietários etc.)	Condomínio	Condomínio	A cada alteração
Documentos de registro de funcionários do condomínio de acordo com a CLT	Condomínio	Condomínio	A cada alteração de funcionário, quando aplicável
Cópia dos documentos de registro dos funcionários terceirizados	Condomínio	Condomínio	A cada alteração de funcionário, quando aplicável
Programa de Prevenção de Riscos Ambientais (PPRA)	Condomínio	Condomínio	A cada ano
Programa de Controle Médico de Saúde Ocupacional (PCMSO)	Condomínio	Condomínio	A cada ano, quando aplicável
Atestado de brigada de incêndio	Condomínio	Condomínio	A cada ano

Tabela A.1 (continuação)

Documento	Incumbência pelo fornecimento inicial	Incumbência pela renovação	Periodicidade da renovação
Relatório de Inspeção Anual dos Elevadores (RIA)	Condomínio	Condomínio	A cada ano
Contrato de manutenção de elevadores	Condomínio	Condomínio	Validade do contrato
Contrato de manutenção de gerador	Condomínio	Condomínio	A cada ano
Sugestão ou modelo de programa de manutenção preventiva	Construtora ou incorporadora	Não há	Não há
Sugestão ou modelo de lista de verificação do programa de manutenção preventiva	Construtora ou incorporadora	Não há	Não há
Contrato do sistema e instrumentos de prevenção e combate a incêndio	Condomínio	Condomínio	A cada ano
Certificado de teste dos equipamentos de combate a incêndio	Construtora ou incorporadora	Condomínio	Verificar legislação vigente
Livro de ocorrências da central de alarmes	Condomínio	Condomínio	A cada ocorrência
Certificado de desratização e desinsetização	Condomínio	Condomínio	A cada seis meses
Cadastro do condomínio junto às concessionárias de serviços	Construtora ou incorporadora	Condomínio	Não há (desde que inalteradas as condições do edifício)

Importante: a periodicidade de renovação e o conteúdo da própria Tabela A.1 devem ser ajustados, individualmente, em função das exigências locais da legislação municipal, estadual ou ainda da legislação federal vigente.
Os documentos elencados devem ser mantidos em local seguro e seu conteúdo somente deverá ser utilizado para fins de garantia de funcionalidade do edifício e comprobatória de atendimento a quesitos legais.

11 Planejamento e coleta de informações

Consoante desenvolvimento dos itens abordados acima, a inspeção predial deverá ser planejada conforme o tipo e modelo da edificação, o nível da inspeção especificado, a documentação disponível e a coleta de informações, bem como demais particularidades contratuais.

Para conhecimento genérico da edificação, sugere-se elaborar questionário ou a promoção de entrevistas junto aos responsáveis e usuários, inclusive para ciência de eventuais modificações e/ou reformas sofridas na edificação original. O questionário a ser desenvolvido deve ser direcionado para o proprietário ou usuário, síndico, zeladoria ou gerência condominial, quando aplicável, e ainda ser respondido pelo(s) usuário(s) para a apuração das informações pertinentes à edificação em estudo.

O planejamento da inspeção predial, antes da inspeção *in loco*, também requer entrevista com os responsáveis pela edificação, para conhecimento da rotina predial, cuidados técnicos e demais procedimentos a serem adotados na inspeção *in loco*.

O planejamento deve incluir o roteiro específico da inspeção: por áreas da edificação, ou por sistemas, ou mista.

12 Avaliação técnica tridimensional

12.1 Avaliação da condição construtiva

A avaliação da condição construtiva baseia-se na análise do sistema projetado e executado, associada à incidência de patologias prediais. Deve ser enquadrada nos seguintes padrões:

* I – *inferior*: qualidade inferior à expectativa mínima;
* M – *médio*: qualidade regula com a expectativa média, usual;
* S – *superior*: qualidade supera a expectativa média.

O projeto deve ser avaliado sob o enfoque espacial e das condições de circulações e ocupações das áreas por pessoas, cargas e veículos.

A execução deve ser avaliada pela qualidade aparente.

O desempenho deve ser avaliado pelas condições de funcionamento e habitabilidade.

As anomalias construtivas devem ser relacionadas no *checklist*, em atendimento à NBR 5674.

12.1.1 Para o nível de inspeção E, é recomendável fazer as classificações das anomalias, sugerindo-se o seguinte:

* AEN – *anomalia endógena*: proveniente da própria construção (projeto, execução e materiais);

* AEX – *anomalia exógena*: proveniente de danos causados por terceiros;
* ANN – *anomalia natural*: proveniente de ações da natureza;
* ANF – *anomalia funcional*: proveniente da degradação natural ou por excesso de uso.

12.2 Avaliação da condição de manutenção

A avaliação da condição de manutenção está associada à análise dos serviços coletados, com foco no planejamento, gestão e operação, que deve ser enquadrada nos seguintes padrões:

* I – *inferior*: qualidade inferior à expectativa mínima;
* M – *médio*: qualidade regula com a expectativa média, usual;
* S – *superior*: qualidade supera a expectativa média.

Os serviços serão inspecionados *in loco*.

O planejamento será avaliado por meio dos métodos de trabalho, cronograma, prazos e análise do plano de manutenção, se disponível.

A avaliação da gestão deve focar as ações, os resultados e os custos efetivados na edificação. A análise da operação deve focar as técnicas utilizadas, os serviços, os prazos e as periodicidades das intervenções.

As falhas de manutenção devem ser relacionadas no *checklist*, incluindo aquelas que contrariem as recomendações do manual de uso, operação e manutenção das áreas comuns do edifício, caso sejam pertinentes, em atendimento à NBR 5674 da ABNT e análise do plano de manutenção, se disponível.

12.2.1 Para o nível de inspeção E, é recomendável fazer as classificações das falhas de manutenção, sugerindo-se o seguinte:

* FDP – *falha de planejamento*: provenientes de falhas do plano e programa (manuais);
* FDE – *falha de execução*: proveniente dos procedimentos e/ou insumos;
* FDO – *falha de operação*: proveniente de operação, registro e controle;
* FDG – *falha de gerenciamento*: causada pela logística e/ou custos.

As falhas de manutenção também podem ser classificadas, no nível E, como corrigíveis ou incorrigíveis, dependendo da possibilidade, ou não, das intervenções corretivas pela própria equipe de manutenção.

12.3 Avaliação da condição de uso

A avaliação da condição de uso, baseada na habitabilidade, sustentabilidade e segurança, deve ser enquadrada nos seguintes padrões:

* I – *inferior*: qualidade inferior à expectativa mínima;
* M – *médio*: qualidade regula com a expectativa média, usual;
* S – *superior*: qualidade supera a expectativa média.

Recomenda-se avaliar a habitabilidade com observações sobre seus tópicos, que são os seguintes: estanqueidade, confortos (higrotérmico, acústico, lumínico, tátil e antropodinâmico); saúde, higiene, qualidade do ar; funcionabilidade e acessibilidade, por sistemas, quando aplicáveis.

A avaliação de sustentabilidade predial deve enfocar o nível de adequação ambiental em relação ao estado da arte.

A avaliação de segurança deve comentar aspectos aparentes da integridade estrutural e física, bem como da proteção contra incêndios e patrimonial.

As irregularidades de uso devem ser listadas no *checklist* em atendimento à NBR 5674 da ABNT.

13 CHECKLIST

O *checklist* visa registrar a condição técnica da qualidade nas 3 (três) vertentes da visão sistêmica tridimensional, representadas pelas condições construtivas, de manutenção e de uso dos diversos sistemas construtivos, instalações e equipamentos. O *checklist* deverá ter complexidade proporcional ao escopo contratual, ao nível da inspeção (N ou E), ao tipo e modelo da edificação em estudo.

A listagem deverá abranger os sistemas construtivos das áreas comuns (externas e internas), bem como dos equipamentos e instalações, visando determinar a condição técnica tridimensional, com as anotações dos padrões de qualidade (I, M e S).

A listagem deve relacionar as patologias prediais (anomalias construtivas, falhas de manutenção e irregularidades de uso), preferencialmente com a indicação da numeração da ilustração fotográfica.

No nível de inspeção E, além do *checklist* de configuração geral, devem ser juntados aos laudos os *checklists* dos equipamentos e demais especialidades da edificação, tais como elevadores, ar-condicionado, câmaras frigoríficas em hipermercados, paisagismo, piscinas e quadras em centros esportivos, bombas e reservatórios de postos de gasolina e outros.

O modelo do *checklist* deve ser desenvolvido para cada edificação, com alguns anexos específicos (elétrica, elevadores, ar-condicionado, segurança contra incêndio etc.), caso necessário. A título ilustrativo, não exaustivo, segue modelo exemplificativo abaixo, para as inspeções nível N em edifício residencial.

Checklist					*Inspeção predial*					
Edificação:										
Idade:										
Endereço:					Data:					
Gerente:					Telefone:					
Construtora:										
Administradora:										
Vistoriador:					CREA nº:					
Tópicos da inspeção predial										
Áreas inspecionadas		Condição técnica			Condição de manutenção			Condição de uso		
		Projeto	Integrid.	Perform.	Planej.	Gestão	Operação	Habitabil.	Sustentab.	Segurança
	Para-raios									
	Luzes de obstáculo									
	Antenas									
	Guarda-corpos									
	Paredes									
	Iluminação									
	Telhados e coberturas									
Ático	Pavimentações/ proteções mecânicas									
	Escadas									
	Extintores/ hidrantes									
	Sinalizações									
	Calhas e rufos									
	Condutores águas pluviais									
	Ventilações de esgoto									
	Heliponto (sinalização, faróis e biruta)									
	Iluminação									
	Pavimentação/ pisos									
Pavimentos-tipo	Forros/tetos									
	Paredes/painéis de vedação									
	Guarda-corpos									

Áreas inspecionadas		Condição técnica			Condição de manutenção			Condição de uso		
		Projeto	Integrid.	Perform.	Planej.	Gestão	Operação	Habitabil.	Sustentab.	Segurança
Pavimentos-tipo	Sinalizações funcionais									
	Sinalizações de segurança									
	Sinalizações de acessibilidade									
	Extintores/ hidrantes									
	Portas corta-fogo									
Térreo	Iluminação									
	Pavimentação/ pisos									
	Forros/tetos									
	Paredes/painéis de vedação									
	Guarda-corpos									
	Sinalizações funcionais									
	Sinalizações de segurança									
	Sinalizações de acessibilidade									
	Extintores/ hidrantes									
	Portas corta-fogo									
Subsolos	Iluminação									
	Pavimentação/ pisos									
	Forros/tetos									
	Paredes/painéis de vedação									
	Guarda-corpos									
	Sinalizações funcionais									
	Sinalizações de segurança									
	Sinalizações de acessibilidade									
	Extintores/ hidrantes									
	Portas corta-fogo									
	Demarcação das vagas									
	Cancelas eletrônicas									

Áreas inspecionadas		Condição técnica			Condição de manutenção			Condição de uso		
		Projeto	Integrid.	Perform.	Planej.	Gestão	Operação	Habitabil.	Sustentab.	Segurança
Fachadas	Revestimento									
	Caixilhos/vidros									
	Guarda-corpos									
Equipamentos básicos	Portões automáticos									
	Interfone									
	Equipamentos de pressurização									
	Portas corta-fogo									
	Luminárias de emergência									
	Sistema do gerador									
	Bombas e quadros de recalque d'água									
	Filtros e bombas da piscina									
	Equipamentos de ginástica									
	Equipamentos da sauna									
	Equipamentos de CFTV									
	Barrilete									
	Bombas e quadro de incêndio									
	Sistema de antena coletiva									
	Sistema SPDA									
	Luz piloto									

14 Inspeção de campo

A data e o roteiro da inspeção de campo devem ser indicados no laudo. A inspeção deve abranger todas as áreas comuns da edificação. Recomenda-se percorrer o edifício do topo ao último pavimento inferior, observando e anotando as avaliações técnicas no *checklist*, bem como as patologias prediais e os números dos registros fotográficos dos aspectos relevantes, que vão ser anexados ao laudo.

15 Nota técnica da segurança e ordem de prioridades

As patologias prediais, representadas por anomalias construtivas, falhas de manutenção e irregularidades de uso, devem ser listadas em ordem lógica decrescente, segundo prioridades de intervenção, sugerindo-se a aplicação do método GUT (*gravidade, urgência* e *tendência*) nessa seleção.

A nota técnica de segurança predial pode ser mensurada através da somatória dos pontos obtidos nas diversas patologias registradas na avaliação pelo GUT. Essa somatória resultará na nota técnica que indicará a avaliação geral da segurança da edificação.

A metodologia de avaliação da segurança indica que, quanto menor a pontuação geral da edificação, melhor é a sua condição de segurança. A análise da evolução das notas técnicas de segurança das diversas inspeções prediais realizadas ao longo do tempo permite determinar melhorias, ou não, dos níveis de segurança da edificação.

Deve-se indicar o grau de risco associado à saúde e segurança relacionada a cada uma das patologias prediais, consoante a seguinte classificação:

* *crítico*: integridade física das pessoas e meio ambiente;
* *médio*: funcionamento e desempenho dos sistemas construtivos e equipamentos;
* *mínimo*: estética e desvalorização.

A priorização das providências reparadoras ou de adequação, a serem consignadas no laudo de inspeção predial, favorece a formulação ou aprimoramento do plano de manutenção, em atendimento às exigências da NBR 5674 da ABNT.

Tal medida possibilita o planejamento do provisionamento de verbas para as atividades de manutenção, aos gestores das edificações.

Recomenda-se para tanto seguir a ordem de pontuação apontada pelo GUT, para as providências e ordem de intervenção.

16 NOTA TÉCNICA DA DEGRADAÇÃO

A nota técnica pode ser apurada por meio de *checklist* específico de degradação ou degeneração, anotando-se os padrões:

* I – *inferior*: degradação inferior à expectativa mínima;
* M – *médio*: degradação regula com a expectativa média, usual;
* S – *superior*: degradação supera a expectativa média.

A título exemplificativo – *Checklist* específico preconizado pelo Guia Orientativo à Norma de Desempenho da CBIC.

A nota técnica da degradação, portanto, com base nas tabelas nº 51 e 52 do referido guia da CBIC pode ser a seguinte:

Agentes/processos degenerativos	Passíveis de atuar/prejudicar elementos								Observações/ providências
	Estrutura	Fachadas	Caixilhos	Paredes internas	Pisos	Cobertura	Inst. hidráulicas	Inst. elétricas	
Risco de enchentes	M	S	I	M	M	I	I	I	
Assoreamento sist. de drenagem	–	–	–	–	–	–	–	–	
Erosão do solo	–	–	–	–	–	–	–	–	
Solos colapsíveis	–	–	–	–	–	–	–	–	
Solos expansíveis	–	–	–	–	–	–	–	–	
Rebaixamento de lençol freático	–	–	–	–	–	–	–	–	
Elevada umidade relativa do ar	M	M	S	M	M	S	–	–	
Chuvas de vento	I	I	I	I	I	I	–	–	
Concentração/ empoç. de água	I	M	I	I	S	M	–	–	
Infiltração de umidade	S	S	I	S	I	S	I	M	
Permeabilidade à água	S	S	S	S	I	S	I	M	
Pressão de vapor	–	–	–	–	–	–	–	–	
Movimentações higroscópicas	M	S	S	I	M	M	–	–	
Condensação do vapor de água	I	I	I	M	M	I	I	M	
Formação de bactérias, algas	S	S	M	M	M	M	S	S	
Fungos emboloradores	–	–	–	–	–	–	–	–	
Fungos apodrecedores	–	–	–	–	–	–	–	–	
Saponificação	–	–	–	–	–	–	–	–	
Retração de secagem	M	M	I	M	M	M	–	–	
Desagregação	S	S	M	S	M	M	S	M	

Agentes/processos degenerativos	Passíveis de atuar/prejudicar elementos								Observações/ providências
	Estrutura	Fachadas	Caixilhos	Paredes internas	Pisos	Cobertura	Inst. hidráulicas	Inst. elétricas	
Formação de eflorescências	S	S	-	M	M	M	-	-	
Chuvas ácidas	S	S	S	-	I	M	I	I	
Ação de águas puras	S	S	S	S	M	M	-	S	
Lixiviação	S	S	-	M	M	M	-	-	
Névoa salina/ataque por cloreto	S	S	S	S	S	S	S	S	
Ataque por sulfatos	S	S	S	S	S	S	S	S	
Reação álcali-agregado	S	M	-	-	-	-	-	-	
Carbonatação	S	M	-	-	-	-	-	-	
Oxidação/corrosão	S	M	S	M	M	M	M	M	
Corrosão bimetálica	S	M	-	-	-	-	-	-	
Corrosão por pites	S	S	-	M	M	M	-	-	
Ação de insetos e roedores	I	I	I	I	I	I	M	M	
Ação de térmitas	S	S	S	S	S	S	-	-	
Elevados níveis de insolação	I	I	I	I	I	I	I	M	
Ação dos raios ultravioleta	I	I	I	I	I	I	I	M	
Movimentações térmicas	M	S	S	I	M	M	-	-	
Choque térmico	-	-	-	-	-	-	-	-	
Calcinação	-	-	-	-	-	-	-	-	
Fadiga	S	S	M	M	S	S	M	-	
Fluência	M	M	M	M	M	M	-	-	
Relaxação	-	-	-	-	-	-	-	-	
Gretamento	-	M	-	M	M	M	-	-	

Agentes/processos degenerativos	Passíveis de atuar/prejudicar elementos								Observações/ providências
	Estrutura	Fachadas	Caixilhos	Paredes internas	Pisos	Cobertura	Inst. hidráulicas	Inst. elétricas	
Lascamentos	M	M	M	I	I	I	–	–	
Fissuração	S	S	M	S	S	M	M	–	
Delaminação	–	–	–	–	–	–	–	–	
Descolamentos	S	M	M	M	M	M	–	–	
Desgaste por atrito	M	M	M	M	M	M	–	–	
Perda de elasticidade	–	–	–	–	–	–	–	–	
Impactos	S	S	S	S	S	S	S	M	
Vibrações	S	S	M	S	S	S	S	I	
Jato de areia projetada pelo vento	I	I	I	I	I	I	–	–	
Proximidade de pedreiras	I	I	I	I	I	I	–	–	
Proximidade de ferrovias	I	I	I	I	I	I	–	–	
Correntes de fuga	–	–	–	–	–	–	–	–	
Radiações eletromagnéticas	I	I	I	I	I	I	I	M	
Poluição atmosférica SO_3 etc.	M	S	M	I	I	M	I	I	
Evaporação de voláteis	I	I	I	I	I	I	–	–	
Produtos domésticos de limpeza	M	M	M	M	M	M	I	M	
Reações eletrolíticas	–	–	–	–	–	–	–	–	
Incompatibilidades físicas	–	–	–	–	–	–	–	–	
Incompatibilidades químicas	S	S	–	S	S	S	–	–	

Contrariamente à avaliação de qualidade, evidentemente, quanto maior a incidência de padrões "S" na degradação, pior a qualidade da edificação.

Outra possibilidade de nota técnica da degradação é a comparação dos níveis de desempenho da edificação ao longo do tempo, apontando-se as reduções apuradas.

17 CONFIGURAÇÃO GERAL DA QUALIDADE PREDIAL

A configuração geral da qualidade predial, baseada nos resultados (I, M ou S) das diversas inspeções de qualidade das condições tridimensionais e da relação de irregularidades, deve ser retratada pela indicação dos percentuais dos itens dos padrões de qualidade (I, M ou S) apurados no *checklist*, como o exemplo abaixo.

- *I – inferior*: qualidade inferior à expectativa mínima;
- *M – médio*: qualidade regula com a expectativa média, usual;
- *S – superior:* qualidade supera a expectativa média.

Exemplo

- *50% (40 itens) – I – inferior*: qualidade inferior à expectativa mínima;
- *30% (24 itens) – M – médio*: qualidade regula com a expectativa média, usual;
- *20% (16 itens) – S – superior*: qualidade supera a expectativa média.

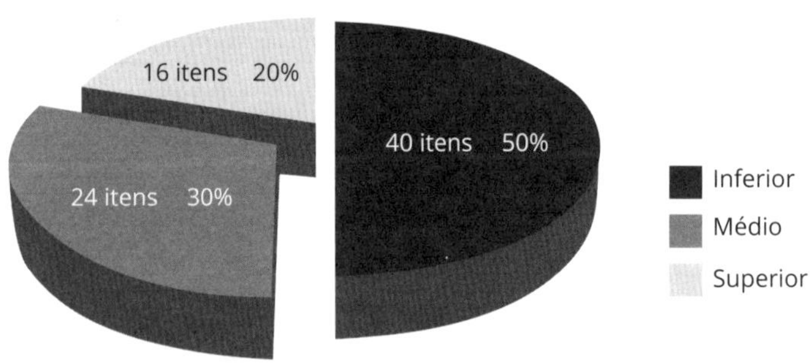

A comparação da configuração em estudo com aquelas das inspeções prediais anteriores permite determinar a evolução da qualidade predial (crescente, estacionária ou decrescente) ao longo do tempo, sendo recomendável elaborar a representação gráfica dessa evolução, para melhor visualização, consoante exemplo abaixo:

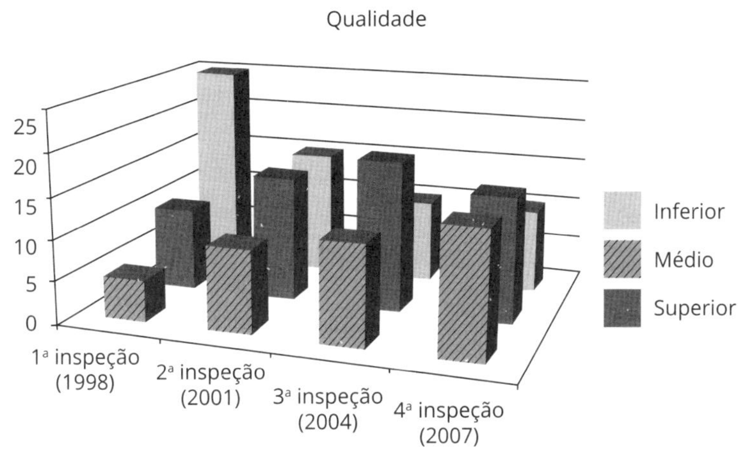

18 Recomendações técnicas

As recomendações técnicas para sanar as patologias prediais devem ser genéricas e pertinentes ao nível da inspeção e do escopo contratados, visando, principalmente, orientar o planejamento da manutenção.

Os detalhamentos e descrições técnicas dos reparos, ou ações a serem implementadas pela assistência técnica da construtora ou empresa responsável pela manutenção da edificação, devem ser descritos, quando aplicável.

Não são recomendáveis, na inspeção predial de nível N, o aprofundamento e detalhamento dos estudos e a elaboração de projetos em geral, incluídas as prescrições técnicas abrangentes de soluções alternativas de intervenções, pois fogem ao escopo desse nível.

Nas inspeções de nível E que incluam a participação de especialistas, a elaboração de auditorias, a elaboração de diagnósticos aprofundados ou a necessidade da utilização de outros recursos técnicos (ensaios), recomenda-se indicar as normas técnicas e demais documentos técnicos utilizados, inclusive juntando-se os respectivos anexos ao laudo.

19 Recomendações administrativas, de sustentabilidade e de responsabilidade social

Além das recomendações técnicas é importante indicar as medidas reparadoras que possam contribuir no âmbito administrativo, de sustentabilidade e de responsabilidade social, principalmente aquelas que possam gerar imediatas economias no consumo de água e energia elétrica. Também pode(m) ser formulada(s) outra(s) ação(ões) que facilite(m) a acessibilidade predial ou que favoreça(m) a valorização da vida humana, dos usuários.

20 RESPONSABILIDADE PROFISSIONAL

A responsabilidade profissional é limitada ao nível de inspeção predial especificado e escopo contratual, eximindo-se os profissionais de análises de problemas ocultos ou de projeto, construção, manutenção e outros de responsabilidade de terceiros, bem como de eventual desatendimento das recomendações constantes do laudo.

Deve-se destacar a necessidade da implementação das recomendações constantes do laudo, bem como a data prevista para a próxima inspeção predial.

21 TÓPICOS DO LAUDO

Os laudos devem conter os informes gerais, tais como a identificação do solicitante, descrição do local e objeto inspecionado, data da vistoria e identificação do inspetor predial, bem como os seguintes itens:

- classificação do tipo da edificação;
- classificação do modelo da edificação (N ou E);
- classificação do nível de inspeção predial (N ou E);
- análise documental;
- planejamento e coleta de informações;
- avaliação da condição construtiva (*checklist*);
- avaliação da condição de manutenção (*checklist*);
- avaliação da condição de uso (*checklist*);
- inspeção de campo;
- nota técnica da segurança e ordem de prioridades;
- nota técnica da degradação;
- configuração geral da qualidade predial;
- recomendações técnicas;
- recomendações administrativas, de sustentabilidade e de responsabilidade social;
- responsabilidade profissional;
- fecho, data e assinatura.

oito

Casos práticos de laudos de inspeção predial total

Neste capítulo são apresentados dois exemplos de laudo de inspeção predial total, devendo o leitor ater-se aos conceitos empregados para sua confecção, mais especificamente à visão sistêmica tridimensional, na qual são analisadas as condições técnicas, de uso e de manutenção, não cabendo, portanto, entender como não exaustivas as questões relativas às manifestações patológicas construtivas e aos *checklists* formulados.

Embora se tenha procurado oferecer exemplos extraídos de casos reais, os laudos foram condensados a fim de evitar o enfoque das especificidades e a repetição de procedimentos em um mesmo item, uma vez que o objetivo maior é o de instruir o engenheiro diagnóstico sobre o formato e os conceitos aplicados, conforme já exposto.

O primeiro caso ilustra uma inspeção de nível 1, tendo como enfoque uma edificação de modelo N (normal), mais precisamente um edifício residencial, em que se procurou relacionar cada passo do exemplo prático às novas diretrizes de inspeção predial tridimensional. Já o segundo caso ilustra uma inspeção de nível 2, própria das edificações de modelo E (especial), em que se buscou exemplificar ao leitor as diversas classificações técnicas exigidas, bem como a necessidade do envolvimento multidisciplinar quando as classificações das edificações inspecionadas não atendem ao modelo N (normal).

8.1 Caso prático 1

O primeiro caso enfoca um edifício residencial hipotético como exemplo de laudo de inspeção predial de nível 1 (normal), inspecionado por um único profissional especializado, mais precisamente um engenheiro civil especialista em Engenharia Diagnóstica. Esse profissional foi responsável pela análise das condições técnicas, de uso e de manutenção dos sistemas construtivos, e empregou os conhecimentos práticos e teóricos básicos para o enfoque específico das instalações prediais, etapa em que eventualmente pode ser recomendada a intervenção de outros profissionais especialistas.

Segue o exemplo de laudo:

Grupo Técnico de Engenharia Diagnóstica (GTED), empresa especializada em Engenharia Diagnóstica, em atendimento à consulta do *Condomínio Projeto Garden*, procedeu à *inspeção predial* nas áreas comuns do empreendimento abaixo descrito, cujos resultados vão em seguida expostos através do presente laudo:

Inspeção predial

1 Preliminares

Consoante os termos da consulta, a presente inspeção técnica de Engenharia tem por finalidade analisar as condições técnicas, de manutenção e de uso das áreas comuns e dos equipamentos do Condomínio Projeto Garden, situado à rua Alves Pinto Guimarães, n° 1.268, Bairro Vila Trindario, em São Paulo, capital, mediante as Diretrizes Técnicas do Programa de Inspeção Predial do GTED.

Essa medida é decorrente da necessidade de cumprir com as ações de manutenção predial visando à qualidade total e ao atendimento da NBR 5674 da ABNT.

O presente laudo visa exclusivamente à orientação do planejamento dos serviços e das obras do condomínio em questão, ficando vedada sua utilização para fins judiciais.

2 Procedimentos técnicos

Os procedimentos de inspeção predial total do presente laudo estão estabelecidos no item 6, Cap. 7, do livro *Inspeção predial total*.

3 Tipo de construção

A edificação em questão é de classificação residencial, consoante estabelece o item 7, Cap. 7, do livro *Inspeção predial total*.

4 Vistoria preliminar

A vistoria e as informações preliminares, para bem classificar a edificação e o escopo do serviço, revelaram o seguinte:

Vistoria preliminar

1. Local

✱ Logradouro
   ◊ Rua Alves Pinto Guimarães, n° 1268

✱ Bairro
   ◊ Vila Trindario

✱ Município
   ◊ São Paulo

2. Características da região

✱ Aspectos físicos e condições ambientais
   ◊ Terreno irregular
   ◊ Arborizado
   ◊ Meio urbano de região metropolitana

✱ Melhoramentos públicos
   ◊ Rede de água/esgoto
   ◊ Rede de energia elétrica
   ◊ Rede de telefonia

✱ Sistema viário
   ◊ Pistas de veículos asfaltadas
   ◊ Calçadas pavimentadas
   ◊ Postes com iluminação elétrica
   ◊ Sinalização

✱ Equipamentos e serviços comunitários
   ◊ Coleta de lixo
   ◊ Limpeza de vias públicas
   ◊ Policiamento
   ◊ Templos religiosos
   ◊ Comércio de âmbito geral
   ◊ Transporte coletivo

✱ Potencial econômico e desenvolvimento
   ◊ População de médio poder aquisitivo
   ◊ Estagnação da verticalização

3. Características técnicas do Condomínio Projeto Garden

- Tipo de uso
  - ◊ Residencial
- Configurações do empreendimento
  - ◊ Um bloco contendo 24 pavimentos, totalizando 96 apartamentos
  - ◊ Um subsolo com rampa de acesso de veículos, escadarias, vaga para autos, *hall* de elevadores, sistema de telefonia (D.G.), pressurização, casa de bombas, centro de medição e gerador
  - ◊ Térreo externo, entrada social com rampa para deficientes, entrada de veículos, guarita com sanitário, cavalete do sistema hidráulico, área de circulação, entrada de gás, entrada de luz, jardins, casa de bombas da piscina, *playground* com churrasqueira
  - ◊ Térreo interno com *hall* social, *hall* de elevadores, escadaria, sanitários, apartamento do zelador, salão de festas
  - ◊ Cobertura com barrilete, casa de máquinas, escada marinheiro, caixa-d'água
- Situação da edificação
  - ◊ Esquina
- Padrão construtivo
  - ◊ Simples, consoante classificação da publicação *Valores de edificações de imóveis urbanos* do Ibape/SP
- Idade aparente
  - ◊ 20 anos
- Idade real
  - ◊ 10 anos – Certificado de Conclusão (Habite-se) n° 2001/234789-00, publicado pela P.M.S.P. em 13/11/2000 – Anexo n° 01
- Documentos anexados
  - ◊ Habite-se – Anexo n° 01
  - ◊ Memorial descritivo – Anexo n° 02
  - ◊ Questionários preenchidos – Anexo n° 03
  - ◊ Fotos n° 01 a 214

5 Modelo da edificação

O modelo da edificação a ser inspecionada é o modelo N, consoante estabelece o item 8, Cap. 7, do livro *Inspeção predial total*, em que N = normal = edifícios com instalações e equipamentos básicos.

6 Classificação do nível de inspeção

O nível técnico de inspeção predial contratado é o nível N, consoante estabelece o item 9, Cap. 7, do livro *Inspeção predial total*, em que nível N = inspeção por um ou mais especialistas, voltada para edificações de modelo N (normal).

7 Análise documental

A documentação técnica solicitada contemplou os documentos assinalados na relação sugerida no item 10, Cap. 7, do livro *Inspeção predial total*, devendo-se analisar o conteúdo da documentação disponível, bem como sua compatibilidade, ou não, à realidade edilícia.

Os documentos solicitados foram entregues e especialmente analisados, permitindo inferir o seguinte:

- Dos projetos encaminhados, somente o projeto de Prefeitura encontrava-se completo, todos os demais careciam de folhas importantes, cabendo ressaltar a inexistência dos projetos de impermeabilização, revestimentos, pintura e acessibilidade, documentos estes notadamente raros em edifícios para a idade da edificação.
- Inexistem quaisquer manuais de operação ou de manutenção, entre os quais os manuais do síndico e do proprietário, condição severamente prejudicial para a correção dos serviços de manutenção predial.
- As contas de água, mais precisamente dos últimos cinco meses, apresentaram consumo muito elevado, ultrapassando em muito o consumo médio diário de 200 litros/pessoa, de acordo com informações da zeladoria.

8 Coleta de informações

Com o objetivo de informar o engenheiro vistoriador sobre o histórico da edificação, foram encaminhados questionários para preenchimento da zeladoria seguindo o roteiro preconizado no item 11, Cap. 7, do livro *Inspeção predial total*.

9 Planejamento da inspeção predial

O planejamento seguiu as diretrizes estabelecidas no item 11, Cap. 7, do livro *Inspeção predial total*. As análises preliminares e o resultado da entrevista com a zeladoria determinaram o seguinte planejamento:

- a inspeção de campo foi desenvolvida no sentido dos pavimentos superiores aos inferiores, iniciando-se pelo topo, sempre no período da tarde;
- a inspeção de campo teve o acompanhamento parcial pela zeladoria;

* o *checklist* foi previamente analisado pelo síndico e pela comissão, sendo aceitas algumas sugestões incorporadas nos trabalhos de vistoria, em especial a verificação da correção dos serviços de manutenção terceirizados;
* o planejamento desenvolvido na inspeção atendeu plenamente à necessidade do trabalho.

10 Classificações das condições tridimensionais

As classificações das condições técnicas, de manutenção e de uso foram desenvolvidas em atendimento ao item 12, Cap. 7, do livro *Inspeção predial total*, de acordo com:

* Condição técnica construtiva
  - *inferior (I)*: qualidade inferior à expectativa usual;
  - *médio (M)*: qualidade regula com a expectativa;
  - *superior (S)*: qualidade supera a expectativa.
* Condição da manutenção
  - *inferior (I)*: qualidade inferior à expectativa usual;
  - *médio (M)*: qualidade regula com a expectativa;
  - *superior (S)*: qualidade supera a expectativa.
* Condição de uso
  - *inferior (I)*: qualidade inferior à expectativa usual;
  - *médio (M)*: qualidade regula com a expectativa;
  - *superior (S)*: qualidade supera a expectativa.

11 Inspeção de campo

A inspeção de campo foi realizada nos dias 8, 9 e 17 de outubro de 2010, com o acompanhamento do zelador, o sr. Expedito da Silva, RG: 9.300.700, atendendo ao planejamento e às recomendações do item 14, Cap. 7, do livro *Inspeção predial total*.

As irregularidades prediais relativas à técnica construtiva, ao uso e à manutenção foram devidamente anotadas na listagem e classificadas de acordo com a qualidade, como vai apontado nos tópicos seguintes do presente laudo.

12 *Checklist* da inspeção predial

As anotações das classificações de qualidade estão indicadas nos quadros específicos, em atendimento ao item 13, Cap. 7, do livro *Inspeção predial total*, de acordo com:

Checklist	*Inspeção predial*
Edificação: Projeto Garden **Idade: 10 anos**	
Endereço: Rua Alves Pinto Guimarães, 1268	Data: 8/10/10
Gerente/zelador: Sr. Expedito da Silva	Telefone: (11) 3232-0032
Construtora: Brooke Construct	
Administradora: Coelho e Fontoura	
Vistoriador: Eng. Civil Roberto Mihailov Neto	CREA nº: 190.087/D

Tópicos da inspeção

Áreas inspecionadas		Condição técnica			Condição de manutenção			Condição de uso		
		Projeto	Integrid.	Perform.	Planej.	Gestão	Operação	Habitabil.	Sustentab.	Segurança
Ático	Para-raios	R	R	I	R	R	R	R	R	R
	Luzes de obstáculo	R	R	R	I	R	R	R	R	R
	Antenas	R	R	R	R	R	R	R	R	R
	Guarda-corpos	R	R	R	I	R	R	R	R	R
	Paredes	R	R	R	R	R	R	I	R	R
	Iluminação	R	R	R	R	R	R	R	R	R
	Telhados e coberturas	R	R	R	R	R	R	R	R	R
	Pavimentações/ proteções mecânicas	R	I	R	R	R	R	R	R	R
	Escadas	R	R	I	R	R	R	R	R	R
	Extintores/ hidrantes	R	I	R	R	R	R	R	R	R
	Sinalizações	R	R	R	R	R	R	R	R	R
	Calhas e rufos	R	R	I	R	R	I	R	R	R
	Condutores águas pluviais	R	R	R	R	R	I	R	R	R
	Ventilações de esgoto	R	R	R	R	R	R	R	R	R
	Heliponto (sinalização, faróis e biruta)	R	R	R	R	R	R	R	R	R
Pavimentos-tipo	Iluminação	R	R	S	R	R	R	R	R	R
	Pavimentação/ pisos	R	R	R	R	R	R	R	R	R
	Forros/tetos	R	R	R	R	I	R	R	R	R
	Paredes/painéis de vedação	R	R	S	R	R	R	R	R	R
	Guarda-corpos	R	R	R	R	R	R	R	R	R
	Sinalizações funcionais	R	R	R	I	R	R	R	R	R
	Sinalizações de segurança	R	R	R	R	R	R	I	R	R
	Sinalizações de acessibilidade	R	R	R	R	R	R	R	R	R
	Extintores/ hidrantes	R	R	R	I	R	R	R	R	R
	Portas corta-fogo	R	R	R	S	R	R	R	R	R

Áreas inspecionadas		Condição técnica			Condição de manutenção			Condição de uso		
		Projeto	Integrid.	Perform.	Planej.	Gestão	Operação	Habitabil.	Sustentab.	Segurança
Térreo	Iluminação	R	R	R	R	S	R	R	R	R
	Pavimentação/pisos	R	R	R	R	R	R	I	R	R
	Forros/tetos	R	S	R	R	R	R	R	R	R
	Paredes/painéis de vedação	R	R	R	I	R	R	R	R	R
	Guarda-corpos	R	R	R	I	R	R	R	R	R
	Sinalizações funcionais	R	R	R	R	R	R	S	R	R
	Sinalizações de segurança	R	R	R	R	R	R	R	R	R
	Sinalizações de acessibilidade	R	R	R	R	R	I	R	R	R
	Extintores/hidrantes	R	R	R	R	R	R	I	R	R
	Portas corta-fogo	R	R	R	R	R	R	R	I	R
Subsolos	Iluminação	R	R	I	R	R	R	R	R	R
	Pavimentação/pisos	R	R	R	I	R	I	R	R	R
	Forros/tetos	R	S	R	R	R	R	R	R	R
	Paredes/painéis de vedação	R	R	R	R	I	R	R	R	R
	Guarda-corpos	R	R	S	R	R	S	R	R	R
	Sinalizações funcionais	R	R	R	I	R	R	R	R	R
	Sinalizações de segurança	R	R	R	R	R	R	R	R	R
	Sinalizações de acessibilidade	R	R	R	S	R	R	R	R	R
	Extintores/hidrantes	R	R	R	R	R	R	R	R	R
	Portas corta-fogo	R	S	R	R	R	R	R	R	R
	Demarcação das vagas	R	R	R	R	R	R	I	R	R
	Cancelas eletrônicas	R	R	I	R	R	R	R	R	R

Áreas inspecionadas		Condição técnica			Condição de manutenção			Condição de uso		
		Projeto	Integrid.	Perform.	Planej.	Gestão	Operação	Habitabil.	Sustentab.	Segurança
Fachadas	Revestimento	R	R	R	R	R	I	R	I	R
	Caixilhos/vidros	R	R	R	R	R	R	R	R	R
	Guarda-corpos	R	R	R	R	R	I	R	R	R
Equipamentos básicos	Portões automáticos	R	R	R	R	R	S	R	R	R
	Interfone	R	R	S	R	R	R	R	R	R
	Equipamentos de pressurização	R	R	R	R	R	R	S	R	R
	Portas corta-fogo	R	R	R	R	I	R	R	R	R
	Luminárias de emergência	R	R	R	R	R	R	R	R	R
	Sistema do gerador	R	R	R	R	R	I	R	R	R
	Bombas e quadros de recalque d'água	R	R	R	R	I	R	R	R	R
	Filtros e bombas da piscina	R	R	R	R	R	R	R	R	R
	Equipamentos de ginástica	R	S	R	R	R	R	R	R	R
	Equipamentos da sauna	R	R	I	R	R	R	S	R	R
	Equipamentos de CFTV	R	R	R	R	R	R	R	R	R
	Barrilete	R	R	R	R	R	I	R	R	R
	Bombas e quadro de incêndio	R	R	R	R	R	R	I	R	R
	Sistema de antena coletiva	R	R	R	I	R	I	R	R	R
	Sistema SPDA	R	R	R	I	R	R	R	R	R
	Luz piloto	R	R	R	S	R	R	R	R	R

13 Relação de irregularidades, orientações técnicas e classificação do grau de risco

As irregularidades seguem relacionadas em atendimento ao item 15, Cap. 7, do livro *Inspeção predial total*, de acordo com:

Item 1		Descrição: infiltração pela laje do térreo		
Ordenação	**240**	3	8	10
Grau	**Nota**	**Gravidade**	**Urgência**	**Tendência**
Máximo	10	Risco à vida dos usuários, colapso da edificação, dano ambiental grave	Evolução imediata	Em ocorrência
Alto	8	Risco de ferimentos aos usuários, avaria não recuperável na edificação, contaminação localizada	Evolução a curto prazo	A ocorrer
Médio	6	Insalubridade aos usuários, deterioração elevada da edificação, desperdício dos recursos naturais	Evolução a médio prazo	Prognóstico para breve
Baixo	3	Incômodo aos usuários, degradação da edificação, uso não racional dos recursos naturais	Evolução a longo prazo	Prognóstico para adiante
Mínimo	1	Depreciação imobiliária	Não evoluirá	Imprevisto

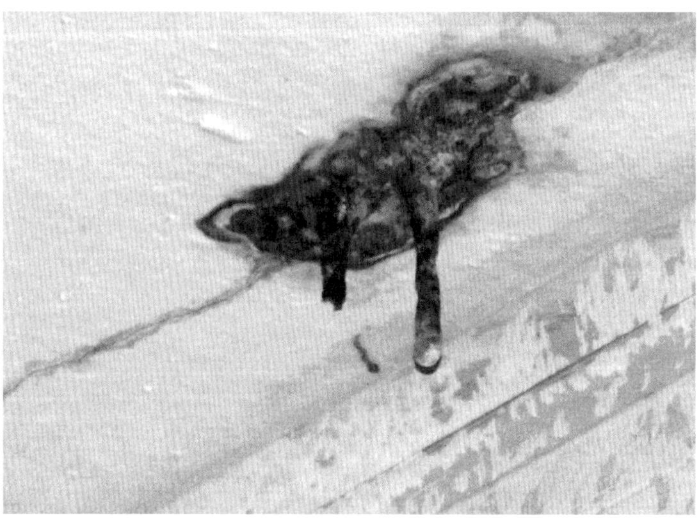

Item 2		**Descrição:** eflorescência sobre a pavimentação		
Ordenação	**216**	6	6	6
Grau	**Nota**	**Gravidade**	**Urgência**	**Tendência**
Máximo	10	Risco à vida dos usuários, colapso da edificação, dano ambiental grave	Evolução imediata	Em ocorrência
Alto	8	Risco de ferimentos aos usuários, avaria não recuperável na edificação, contaminação localizada	Evolução a curto prazo	A ocorrer
Médio	6	Insalubridade aos usuários, deterioração elevada da edificação, desperdício dos recursos naturais	Evolução a médio prazo	Prognóstico para breve
Baixo	3	Incômodo aos usuários, degradação da edificação, uso não racional dos recursos naturais	Evolução a longo prazo	Prognóstico para adiante
Mínimo	1	Depreciação imobiliária	Não evoluirá	Imprevisto

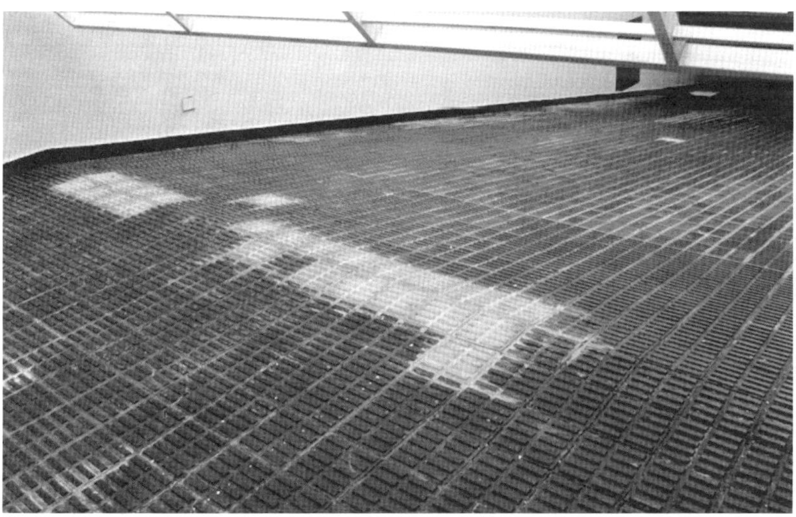

Item 3		**Descrição:** deficiência no isolamento das partes vivas do quadro elétrico		
Ordenação	**800**	10	10	8
Grau	**Nota**	**Gravidade**	**Urgência**	**Tendência**
Máximo	10	Risco à vida dos usuários, colapso da edificação, dano ambiental grave	Evolução imediata	Em ocorrência
Alto	8	Risco de ferimentos aos usuários, avaria não recuperável na edificação, contaminação localizada	Evolução a curto prazo	A ocorrer
Médio	6	Insalubridade aos usuários, deterioração elevada da edificação, desperdício dos recursos naturais	Evolução a médio prazo	Prognóstico para breve
Baixo	3	Incômodo aos usuários, degradação da edificação, uso não racional dos recursos naturais	Evolução a longo prazo	Prognóstico para adiante
Mínimo	1	Depreciação imobiliária	Não evoluirá	Imprevisto

Item 4		**Descrição:** incrustação ferruginosa na laje do térreo		
Ordenação	**90**	3	3	10
Grau	**Nota**	**Gravidade**	**Urgência**	**Tendência**
Máximo	10	Risco à vida dos usuários, colapso da edificação, dano ambiental grave	Evolução imediata	Em ocorrência
Alto	8	Risco de ferimentos aos usuários, avaria não recuperável na edificação, contaminação localizada	Evolução a curto prazo	A ocorrer
Médio	6	Insalubridade aos usuários, deterioração elevada da edificação, desperdício dos recursos naturais	Evolução a médio prazo	Prognóstico para breve
Baixo	3	Incômodo aos usuários, degradação da edificação, uso não racional dos recursos naturais	Evolução a longo prazo	Prognóstico para adiante
Mínimo	1	Depreciação imobiliária	Não evoluirá	Imprevisto

Concluindo o que preconiza o item 15, do Cap. 7, do livro *Inspeção predial total*, as irregularidades devem ser classificadas pelo grau de risco, visando distinguir de imediato a gravidade da irregularidade focada, de acordo com:

* *grau de risco crítico* (GRC): ameaça à saúde, vida, meio ambiente ou importância patrimonial, impacto com perdas relevantes e requer ação imediata;
* *grau de risco regular* (GRR): ameaça à funcionalidade, impacto com perdas relativas e requer ação em curto prazo;
* *grau de risco mínimo* (GRM): ameaça administrativa, impacto recuperável e requer ação em médio prazo.

Item	Localização	Grau de risco	Orientação técnica	Classificação
1	Subsolo	GRR	Reparo na impermeabilização da laje do térreo	Anomalia exógena (AEX)
2	Térreo	GRR	Substituição das peças manchadas e limpeza com escovação sempre que houver pequenos manchamentos	*Performance* inferior (PIN)
3	Térreo	GRC	Substituição da placa protetora por outra de tamanho que impeça o contato inadvertido com as partes vivas do quadro elétrico	
4	Fachadas	GRM	Remoção da incrustação ferruginosa e acabamento localizado	Falha de planejamento (FDP)

14 Configuração geral da qualidade predial

Condição técnica
Inferior → 8 itens = 4%
Médio → 182 itens = 92%
Superior → 8 itens = 4%

Condição de uso
Inferior → 8 itens = 4%
Médio → 187 itens = 94%
Superior → 3 itens = 2%

Condição de manutenção
Inferior → 23 itens = 12%
Médio → 169 itens = 85%
Superior → 6 itens = 3%

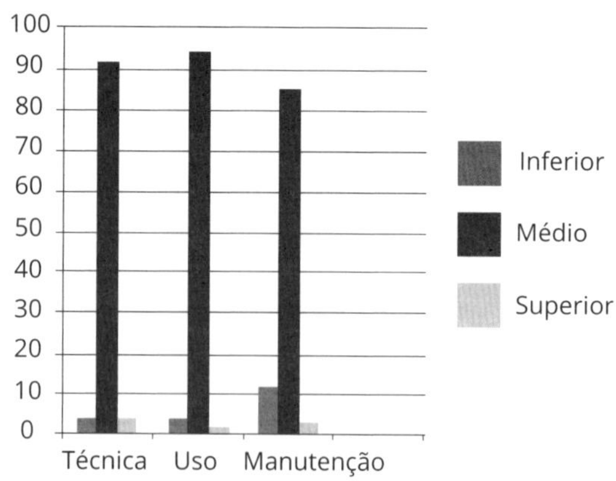

15 Ordem de prioridades

A ordem de prioridades, um dos principais objetivos deste laudo, em atendimento ao item 15, Cap. 7, do livro *Inspeção predial total*, foi assim determinada:

Ordenação	N. de ordem	Grau de risco	Item
800	1°	Substituição da placa protetora por outra de maior tamanho que permita impedir o contato inadvertido com as partes vivas do quadro elétrico	3
240	2°	Reparo na impermeabilização da laje do térreo	1
216	3°	Substituição das peças manchadas e limpeza com escovação sempre que houver pequenos manchamentos	2
90	4°	Remoção da incrustação ferruginosa e acabamento localizado	4

16 Responsabilidades

A responsabilidade é limitada ao nível de inspeção e ao escopo contratual, eximindo-se os profissionais de análises de problemas ocultos ou de projeto, construção, manutenção e outros de responsabilidade da gestão da edificação, bem como de eventual desatendimento das recomendações do laudo.

17 Encerramento

Este laudo vai impresso em 23 (vinte e três) folhas deste papel, acompanhado de 3 anexos e 214 fotografias, tudo devidamente assinado pelo infra-assinado.

São Paulo, 18 de dezembro de 2010.

Eng. Civil Roberto Mihailov Neto – CREA nº 190.087/D

8.2 Caso prático 2

Este segundo caso, com enfoque num *shopping center* do ramo têxtil, possui a finalidade de demonstrar a diversidade com a qual se pode emitir um laudo de inspeção predial, desta feita com a análise de algumas instalações específicas para esse tipo de edificação, confeccionada de forma multidisciplinar, mediante a participação de profissionais especialistas nas áreas de Engenharia Civil, Elétrica, Mecânica e Hidráulica.

Inspeção predial

* *Interessado*: Best Boulevard Shopping Center.
* *Objeto*: áreas e instalações comuns de edificação comercial.
* *Local*: Rua Boulevard, n° 1.016 – Centro – São Paulo – SP.
* *Escopo*: registro técnico fotográfico e análise das condições aparentes de qualidade técnica, manutenção e uso das áreas comuns, seus sistemas construtivos e suas instalações funcionais, permitindo a implantação adequada dos planos de manutenção predial, bem como o fornecimento de orientações técnicas para os reparos das anomalias e falhas detectadas.

1 Classificação do tipo e modelo de edificação/descrições

* *Classificação do tipo de edificação*: especial pública/*shopping center*.
* *Classificação do modelo da edificação*: E (especial).
* Condomínio comercial, composto por duas edificações integradas, contendo ao todo 103 conjuntos comerciais, distribuídos em três andares, dois subsolos, dependências técnicas e funcionais.
* Edificação localizada em rua de tráfego médio, de uso misto, contendo todas as benfeitorias públicas.
* Empreendimento comercial recém-entregue, em julho de 2010.

2 Classificação do nível de inspeção predial

Em razão do modelo de edificação e, portanto, da necessidade de inspeções focando sistemas diversos (além dos elementos construtivos estruturais, de vedação e de acabamento), mais especificamente elevadores, escadas rolantes, equipamentos de ar condicionado e instalações elétricas (em especial a cabine primária), a inspeção foi desenvolvida multidisciplinarmente, com as intervenências de engenheiro civil, engenheiro eletricista, engenheiro hidráulico e engenheiro mecânico, determinando, portanto, o nível E de inspeção predial, cujos trabalhos são desenvolvidos por uma equipe de especialistas em áreas diversas da Engenharia.

3 Localização

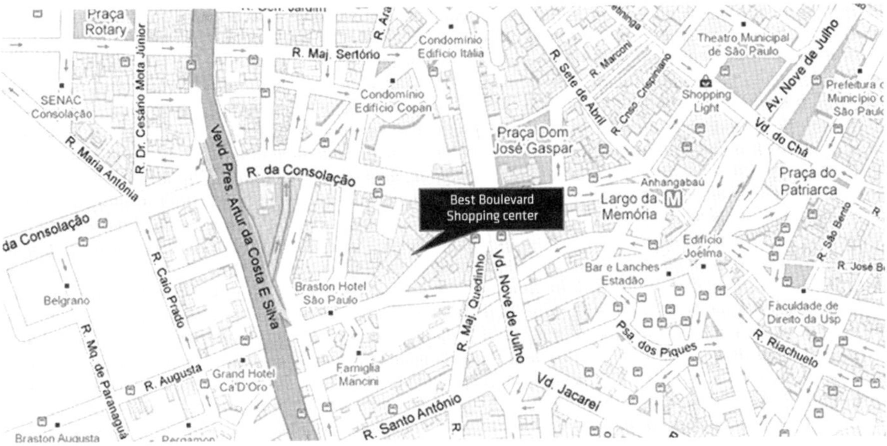

4 Análise dos documentos técnicos apresentados

Anteriormente ao início dos trabalhos, foram solicitados e verificados os principais documentos técnicos que requerem atenção por parte dos inspetores prediais, conforme a relação a seguir descrita:

* Programa de Prevenção de Riscos Ambientais (PPRA) – vigência: 8/6/2010.
* Certificado de treinamento da brigada de incêndio – vigência: 12/8/2009.
* Atestado do Sistema de Proteção contra Descargas Atmosféricas (SPDA) – vigência: 12/8/2009.
* Auto de vistoria do Corpo de Bombeiros – emissão: 31/3/2008; validade: 28/3/2011.
* Certificado de serviços de desinsetização e desratização – vigência: 25/5/2010.
* Certificado de limpeza, de higienização e de desinfecção dos reservatórios e caixas-d'água – vigência: 25/5/2010.
* Laudo de análise bacteriológico da água e dos filtros do sistema de ar condicionado – vigência: 24/7/2009.
* Relatórios de inspeção anual dos elevadores e escadas rolantes – vigência: 6/5/2010.
* Caderno de Programa de Prevenção de Riscos Ambientais (PPRA) (documento-base.)
* Regulamento interno do condomínio comercial.

* Convenção de condomínio – datado de 15/12/2008.
* Memorial de incorporação – datado de 3/10/2001.
* Projeto de elétrica, tendo como projetista Gera Serviços de Engenharia S/C Ltda.
* Projeto de instalação hidráulica, tendo como projetista Gera Serviços de Engenharia S/C Ltda.
* Projeto de arquitetura, tendo como projetista SR Arquitetura.
* Projeto de paginação do piso, tendo como projetista SR Arquitetura.
* Sistema de ar condicionado, exaustão e pressurização, tendo como responsável Construclima.
* Folhas 1/4 a 4/4 do projeto aprovado pela Prefeitura.

Dos documentos apresentados, cabe destacar que o Caderno de Programa de Prevenção de Riscos Ambientais (PPRA) não focalizava as atividades do edifício, sendo, portanto, recomendada a reemissão do referido documento, específico para o *shopping center*.

Dos projetos presentes nos arquivos da gerência, somente o projeto de arquitetura apresentou-se incompleto, pois faltavam quatro folhas de um total de 25 que compõem o jogo completo (mais precisamente as folhas 16, 19, 20 e 25), sendo recomendada a digitalização de todos os projetos para o devido arquivamento eletrônico.

5 Coleta de informações

Em auxílio aos estudos técnicos para investigação da presença de manifestações patológicas nas áreas comuns (corredores de circulação e compartimentos técnicos, lajes de cobertura e subsolos), bem como nas instalações comuns internas nos conjuntos comerciais, especialmente aquelas de encargo do condomínio ou cuja incidência ocorra de forma similar nas unidades autônomas (apontando para a existência de falha construtiva epidêmica), foram dirigidos questionários à gerência do *shopping center* e aos conjuntos comerciais (neste último caso possibilitando o estudo percentual das manifestações incidentes), a seguir transcritos:

Questionário à gerencia/dep. manutenção	
Edificação: Best Boulevard Shopping Center	Idade: 11 meses
Endereço: Rua Boulevard n° 1.016	Data: Setembro/2010
Gerente: Jones Peter Gaw	Telefone: 305-2021
Construtora: ConstruLogical	

Item	Condições técnicas/anomalias apresentadas	Localizações	Observações
1	Trincas/rachaduras das fachadas/paredes	Casa de máquinas	
2	Desprendimento do revestimento das paredes	-	
3	Desprendimento do revestimento dos tetos e forros	-	
4	Trincas/rachaduras nos pisos	-	
5	Desprendimento/afundamento dos pisos	-	
6	Caimento irregular dos pisos	Térreo	
7	Desgaste anormal de piso cimentado	Subsolos	
8	Vazamentos pelas colunas (prumadas) no subsolo ou áreas comuns do térreo	-	
9	Infiltrações pelas paredes do subsolo	2º e 3º subsolos	Já reparado
10	Esquadrias (portas/janelas) soltas, desalinhadas ou outro	-	
11	Ferragens e metais avariados	-	
12	Trincas/rachaduras nas fachadas	Nas quatro faces	Já reparado
13	Descolamento do revestimento das fachadas	-	
14	Falta de energia elétrica/água	-	
15	Curto-circuito/sobrecarga elétrica	Salão de jogos	Curto por ligação indevida
16	Problemas no funcionamento dos elevadores	-	
17	Problemas no funcionamento do sistema de abastecimento d'água	-	
18	Problemas no funcionamento do ar-condicionado	-	
19	Problemas no funcionamento do sistema de segurança (CFTV/alarmes/controle passagem)	-	
Item	**Condições técnicas/anomalias apresentadas**	**Localizações**	**Observações**
20	Problemas no funcionamento do gerador	Subsolo	Nunca funcionou
21	Problemas no funcionamento da pressurização	-	

Item	Condições técnicas/anomalias apresentadas	Localizações	Observações
22	Problemas no funcionamento das bombas	-	
23	Problemas no funcionamento dos portões	Térreo	Recentemente os motores foram substituídos
24	(Outros)	-	

6 Vistorias

As áreas comuns do Best Boulevard Shopping Center foram inspecionadas nos dias 12/5, 18/5, 21/5 e 2/6 do ano de 2010, parcialmente assistidas pelo sr. Jones Peter Gaw, gerente desde a inauguração, RG n° 19.666.757-5.

Item	Falhas	Localizações	Observações
1	Ausência/precariedade de repintura	Todo o térreo	Condôminos perceberam falta de repintura
2	Ausência/precariedade de limpeza	-	
3	Ausência/precariedade de lubrificação	-	
4	Ausência/precariedade de revisão das esquadrias	-	
5	Ausência/precariedade de revisão elétrica	-	
6	Ausência/precariedade de revisão hidráulica	Subsolos	Necessidade de limpeza de águas pluviais
7	Ausência/precariedade de revisão do paisagismo	-	
8	(Outros)		
9	(Outros)		
10	(Outros)		
Item	**Irregularidades/reformas**	**Localizações**	**Observações**
1	Coleta de lixo em local indevido	-	
2	Simultaneidade de chamadas de elevadores	Todos os *halls*	
3	Antenas instaladas em locais indevidos	Laje de cobertura	Antenas instaladas sobre impermeabilização
4	Vagas de garagem insuficientes	-	
5	Dificuldade de comunicação	-	

Item	Irregularidades/reformas	Localizações	Observações
6	Pichações em paredes	Fachada posterior	
7	Sujidades na piscina	-	
8	Reformas não previstas/autorizadas na garagem	-	
9	Reformas no térreo	-	
10	Reformas na cobertura	Laje de cobertura	
11	(Outros)		
12	(Outros)		
13	(Outros)		
14	(Outros)		

7 *Checklists* básicos de inspeção predial total

Em auxílio aos trabalhos no direcionamento das inspeções para os registros técnicos documentais dos sistemas edificantes e das instalações prediais mais importantes, bem como proporcionando a tomada de informações básicas para a configuração geral da qualidade predial, os engenheiros especialistas disponibilizaram dados que compuseram *checklists*, a seguir transcritos:

Checklist	*Inspeção predial*	*Modalidade construção civil*								
Edificação: Best Boulevard Shopping Center						Idade: 11 meses				
Endereço: Rua boulevard n° 1.106						Data: Setembro/2010				
Gerente: Jones Peter Gaw						Telefone: 305-2021				
Construtora: ConstruLogical										
Administradora: SP Administradora Ltda.										
Vistoriador: Eng. Paul Ricard Trousseau						CREA n°100.03				
Tópicos da inspeção										
Áreas inspecionadas		Condição técnica			Condição de manutenção			Condição de uso		
		Projeto	Integrid.	Perform.	Planej.	Gestão	Operação	Habitabil.	Sustentab.	Segurança
Cobertura	Para-raios	R	S	R	R	R	R	R	R	R
	Luzes de obstáculo	R	I	R	R	R	R	R	I	R
	Antenas	R	R	R	R	R	S	R	I	R
	Guarda-corpos	R	R	R	R	R	R	R	R	S
	Iluminação	R	R	R	R	R	R	R	R	R
	Telhados e coberturas	R	I	R	R	R	R	R	R	R

Áreas inspecionadas		Condição técnica			Condição de manutenção			Condição de uso		
		Projeto	Integrid.	Perform.	Planej.	Gestão	Operação	Habitabil.	Sustentab.	Segurança
Cobertura	Pavimentações/ proteções mecânicas	S	R	I	R	R	R	R	R	R
	Escadas	R	R	R	R	R	R	I	R	R
	Extintores/ hidrantes	R	R	R	R	R	R	R	R	R
	Sinalizações	R	S	I	R	R	S	R	R	R
	Calhas e rufos	R	I	R	R	I	R	R	S	R
	Condutores águas pluviais	R	R	R	I	R	R	R	I	R
	Ventilações de esgoto	R	R	R	R	R	R	R	R	R
	Heliponto (sinalização, faróis e biruta)	R	I	R	R	S	R	R	S	R
Corredores	Iluminação	R	I	R	R	R	R	R	I	R
	Pavimentação/ pisos	R	R	R	S	R	R	R	R	R
	Forros/tetos	R	R	R	R	R	R	I	R	R
	Paredes/painéis de vedação	R	R	R	R	R	R	R	R	R
	Guarda-corpos	R	I	R	R	R	R	R	R	R
	Sinalizações funcionais	R	S	R	R	R	R	R	R	R
	Sinalizações de segurança	R	R	R	I	R	S	R	R	R
	Sinalizações de acessibilidade	R	R	R	R	R	R	R	I	R
	Extintores/ hidrantes	R	S	I	R	R	R	R	I	R
	Portas corta-fogo	R	R	R	R	R	R	R	R	R
Corredores técnicos	Iluminação	R	R	R	R	R	R	S	R	R
	Pavimentação/ pisos	R	R	R	I	R	R	R	R	R
	Forros/tetos	R	I	R	R	R	S	R	R	R
	Paredes/painéis de vedação	R	S	R	I	R	R	R	R	S
	Guarda-corpos	R	I	R	R	R	S	R	R	R
	Sinalizações funcionais	R	R	R	R	R	R	I	R	R
	Sinalizações de segurança	R	S	R	S	R	R	R	R	R
	Sinalizações de acessibilidade	R	R	I	R	I	R	R	R	R
	Extintores/ hidrantes	R	R	R	R	R	I	S	R	R
	Portas corta-fogo	R	R	R	R	I	R	R	R	S
Subsolos	Iluminação	R	I	R	R	R	R	R	R	R
	Pavimentação/ pisos	R	R	R	R	R	S	R	R	R
	Forros/tetos	R	R	R	R	R	R	R	R	R
	Paredes/painéis de vedação	R	R	R	I	R	R	R	R	I

Áreas inspecionadas		Condição técnica			Condição de manutenção			Condição de uso		
		Projeto	Integrid.	Perform.	Planej.	Gestão	Operação	Habitabil.	Sustentab.	Segurança
Subsolos	Guarda-corpos	R	R	R	R	R	R	R	S	R
	Sinalizações funcionais	R	I	R	R	R	I	R	R	R
	Sinalizações de segurança	R	R	R	S	I	R	R	R	R
	Sinalizações de acessibilidade	R	R	R	R	S	R	R	R	R
	Extintores/hidrantes	R	R	R	S	R	R	R	R	R
	Portas corta-fogo	R	R	R	R	R	R	R	S	R
	Demarcação das vagas	R	I	R	R	S	R	R	R	R
	Cancelas eletrônicas	R	R	R	I	R	R	R	I	R

Checklist	*Inspeção predial*	*Modalidades hidráulica, elétrica e ar condicionado*
Edificação: Best Boulevard Shopping Center		Idade: 11 meses
Endereço: Rua Boulevard nº 1.106		Data: Setembro/2010
Gerente: Jones Peter Gaw		Telefone: 305-2021
Construtora: ConstruLogical		
Administradora: SP Administradora Ltda.		
Vistoriadores:		
Eng. mecânico Rodrigues Lunárti Fullo		CREA nº 178.56
Eng. eletricista Ricardo Glappão Junior		CREA nº 213.07
Eng. hidráulico Julio Trupi Calchuo		CREA nº 565.09

Tópicos da inspeção

Áreas inspecionadas Projeto		Condição técnica			Condição de manutenção			Condição de uso		
		Projeto	Integrid.	Perform.	Planej.	Gestão	Operação	Habitabil.	Sustentab.	Segurança
	Central de GLP	R	I	R	R	R	R	R	I	R
	Medição de gás	R	R	R	R	S	R	I	R	R
	Regulador de gás	R	R	R	S	R	R	R	R	R
	Medição elétrica	I	R	R	S	R	R	R	I	R
	Cabine de barramento	R	I	R	R	R	R	R	R	R
	Cabine primária	R	I	R	R	R	R	I	R	R
	Câmara de transformação	R	R	R	I	R	R	R	R	R
	Medição de água	S	R	R	R	R	R	R	R	R
	Sala do gerador	R	I	R	R	I	R	R	R	R
	Sala de *no-breaks*	R	R	R	R	R	I	R	R	R
	Sala de pressurização	R	R	R	R	R	R	R	S	R

Áreas inspecionadas Projeto		Condição técnica			Condição de manutenção			Condição de uso		
		Projeto	Integrid.	Perform.	Planej.	Gestão	Operação	Habitabil.	Sustentab.	Segurança
	Compartimentos das máquinas de ar condicionado	R	R	I	R	R	R	I	R	R
	Torres de resfriamento	R	S	R	R	I	R	R	R	R
	Elevadores	R	R	S	R	R	R	S	R	R
	Escadas rolantes	R	R	R	I	R	S	R	R	I

8 *Checklists* específicos de inspeção predial total

8.1 Ar-condicionado

***Checklist* dos procedimentos de manutenção dos equipamentos de ar condicionado – Base: Resolução RE nº 09 da Anvisa**		
Vistoriador: Eng. hidráulico Julio Trupi Calchuo		**CREA nº 565.09**
Componente	**Periodicidade apurada**	**Periodicidade exigida**
Tomada de ar externo	Semestral	Mensal ou quando descartável até sua obliteração (máximo três meses)
Unidades filtrantes	Semestral	Mensal ou quando descartável até sua obliteração (máximo três meses)
Bandejas de condensado	Semestral	Mensal
Serpentinas de aquecimento	Anual	Desincrustação semestral e limpeza trimestral
Serpentinas de resfriamento	Anual	Desincrustação semestral e limpeza trimestral
Umidificador	Anual	Desincrustação semestral e limpeza trimestral
Ventilador	Semestral	Semestral
Plenum de mistura/ casa de máquinas	Semestral	Mensal

Checklist das condições dos equipamentos de ar-condicionado – Base: Portaria nº 3.523 da Anvisa	
Componentes	**Apurado**
Gabinete, serpentina e bandeja	Presença de sujidade e corrosão
Controles de vazão	OK
Drenagem de água da bandeja	OK
Isolamento termo acústico	Danificado
Vedação dos painéis de fechamento do gabinete	Deficiente
Tensão das correias para evitar o escorregamento	OK

8.2 Elevador elétrico

Mapa de inspeção em elevador elétrico	
Edifício	Best Boulevard Shopping Center
Identificação do elevador no edifício	Carro 7
Nº pela prefeitura do elevador	6575788/2001
Nº de passageiros	12
Nº de paradas	5
Tipo de portas	Pivotante
Velocidade	Indisponível
Carga útil	1 ton
Tipo de elevador	Comercial
Vistoriador	Eng. mecânico Rodrigues Lunárti Fullo
CREA	178.56
1. Documentos	**Análise**
RIA (Relatório de Inspeção Anual)	OK
Desenhos	OK
Fichas de chamada ou serviços	OK
Alvará de funcionamento	OK
2. Casa de máquinas	**Análise**
Acesso	A
Limpeza, pintura, infiltração	C
Extintor de incêndio	A
Equipamentos estranhos	NP
Piso, canaletas e ressaltos, alçapão	A

Quadro de força, instalação elétrica	A
Iluminação, tomadas e interruptores	A
Ventilação e temperatura	B
Armário de controle/seletor	B
Placa de fixação dos cabos de tração	A
Dispositivo de cabo frouxo	A
Polia de desvio	A
Máquina de tração – redutor	A
Máquina de tração – polia motriz/tambor	A
Máquina de tração – polia de desvio	A
Máquina de tração – mancais	A
Máquina de tração – freio	A
Máquina de tração – motor	A
Máquina de tração – proteção das polias	A
Máquina de tração – ventilação forçada	B
Motogerador/gerador estático	A
Limitador de velocidade do carro	A
Limitador de velocidade do contrapeso	A
Aterramento	A
3. Cabina	**Análise**
Painéis laterais, teto, piso	A
Porta e seus conexos	A
Contatos, trincos de porta	A
Botoeira e indicador de posição	A
Dispositivo de comunicação	A
Placas e avisos	C
Iluminação/luz de emergência	A
Ventilador/ventilação	A
Folga entre soleiras	A
Comportamento em viagem	B
Aterramento	A
4. Caixa (a partir do topo do carro)	**Análise**
Botoeira de inspeção	A
Limpeza da caixa	A
Teto da cabina	A

Saída de emergência	A
Instalação elétrica	A
Cursores do carro	A
Cabos de tração e fixadores	A
Polia de suspensão do carro	A
Dispositivo de acionamento do freio de segurança	A
Cabo do limitador de velocidade	A
Operador de porta	A
Dispositivo de travamento das portas	A
Guias e suportes das guias	A
Contrapeso	A
Freio de segurança do contrapeso	A
Polia de suspensão do contrapeso	B
Portas de pavimento e conexos	A
Interruptor de porta e trinco	A
Fechador de porta	A
Cabo de comando e fixações	A
Parede da caixa/pintura	A
Polia de desvio superior	B
Dispositivo de cabo frouxo	A
Numeração dos pavimentos	A
Instalação elétrica da caixa	A
Compensação lado do contrapeso	B
Sensor de parada/seletor	A
Limitadores de percurso final	A
Aterramento	B
5. Pavimentos	**Análise**
Botões de chamada, sinalizações e setas	A
Lanternas indicadoras de sentido	A
Dispositivo de destravamento de emergência	A
Funcionamento das portas de pavimento	A
Protetor da plataforma	A

Visores	A
Portas de emergência	A
Indicador de posição	A
Dispositivo para bombeiro	A
Iluminação na entrada	A
6. Poço	**Análise**
Acesso	A
Iluminação e interruptor de segurança	A
Limpeza e infiltração de água	A
Para-choques	A
Polia tensora do cabo do limitador	A
Piso do poço	A
Limitadores de percurso final	B
Freio de segurança do carro	A
Freio de segurança do contrapeso	A
Cabo do freio de segurança	B
Polia de compensação	A
Cabo/corrente de compensação	A
Espaço de refúgio	A

– *Diretrizes para análise*

Legenda	Análise técnica visual
A	Aparenta estar em ordem
B	Há dúvida de funcionamento confiável
C	Oferece problema de segurança
NP	Não pertinente quando o elevador não requer o componente

1. Qualquer componente que contenha avaliação B ou C deverá ser acompanhado da descrição de inconformidade com base na norma aplicável.
   A norma aplicável é a utilizada quando da contratação do elevador ou se houve modernização no equipamento da norma que foi aplicada na alteração.

– *Análise geral*

2. O executor especialista credenciado na inspeção deve avaliar com as letras A, B ou C com base na resultante das avaliações dos componentes indicadas no mapa e levando em consideração o nível de comprometimento dos componentes.

   Por exemplo:

   * se tudo for A, a avaliação geral só pode ser A;
   * se tudo for B, a avaliação geral só pode ser B;
   * se há mixagem de B com C, a avaliação só pode ser C, principalmente quando a segurança está em jogo.

Tabela de avaliação

Avaliação	Significado	Providência
A	Conforme	Nenhuma
B	Não conforme porém passível de correção sem afetar a segurança	Solicitar regularização indicando prazo
C	Não conforme e afetando a segurança	Solicitar a suspensão do funcionamento até regularização

9 Descrição, classificações das irregularidades, do grau de risco e orientação técnica para as incorreções constatadas

Classificação VST: Técnica	Classificação anomalia: AEN
Item: 1 **Localização**: entrada de serviço (acesso aos subsolos) **Anomalia**: ausência de sinalização tátil de alerta no piso **Consequência(s) da anomalia**: riscos de acidentes por pessoas portadoras de deficiência física, mais especificamente dos deficientes visuais **Grau de risco**: crítico **Orientação técnica**: instalação da sinalização de piso no local correto	

Item 1		**Descrição:** ausência de sinalização de alerta no piso		
Ordenação	**1.000**	10	10	10
Grau	**Nota**	**Gravidade**	**Urgência**	**Tendência**
Máximo	10	Risco à vida dos usuários, colapso da edificação, dano ambiental grave	Evolução imediata	Em ocorrência
Alto	8	Risco de ferimentos aos usuários, avaria não recuperável na edificação, contaminação localizada	Evolução a curto prazo	A ocorrer
Médio	6	Insalubridade aos usuários, deterioração elevada da edificação, desperdício dos recursos naturais	Evolução a médio prazo	Prognóstico para breve
Baixo	3	Incômodo aos usuários, degradação da edificação, uso não racional dos recursos naturais	Evolução a longo prazo	Prognóstico para adiante
Mínimo	1	Depreciação imobiliária	Não evoluirá	Imprevisto

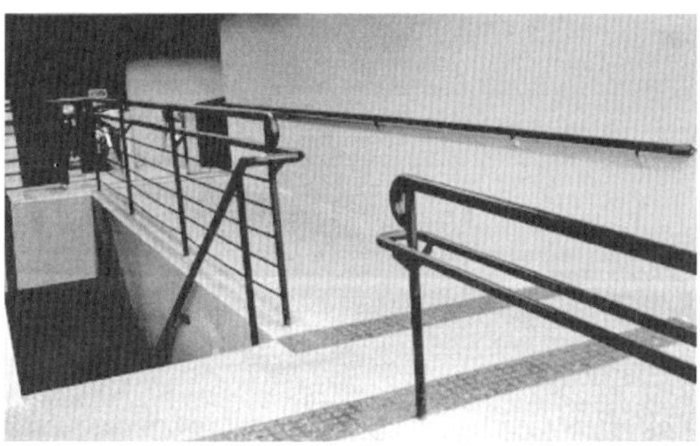

Classificação VST: Técnica	**Classificação anomalia: AEN**
Item: 2 **Localização:** *mall* (corredores principais de circulação e acessos às lojas) **Anomalia**: esborcinamento das bordas das peças do piso **Consequência(s) da anomalia**: continuidade da degradação e depreciação do patrimônio imobiliário **Grau de risco**: mínimo **Orientação técnica**: refazer as juntas entre as peças, assegurando o mínimo de 2 mm de afastamento entre as faces das bordas	

Item 2		Descrição: desgaste da pavimentação		
Ordenação	**180**	3	6	10
Grau	**Nota**	**Gravidade**	**Urgência**	**Tendência**
Máximo	10	Risco à vida dos usuários, colapso da edificação, dano ambiental grave	Evolução imediata	Em ocorrência
Alto	8	Risco de ferimentos aos usuários, avaria não recuperável na edificação, contaminação localizada	Evolução a curto prazo	A ocorrer
Médio	6	Insalubridade aos usuários, deterioração elevada da edificação, desperdício dos recursos naturais	Evolução a médio prazo	Prognóstico para breve
Baixo	3	Incômodo aos usuários, degradação da edificação, uso não racional dos recursos naturais	Evolução a longo prazo	Prognóstico para adiante
Mínimo	1	Depreciação imobiliária	Não evoluirá	Imprevisto

Classificação VST: Uso
Item: 3 **Localização:** subsolo **Anomalia:** compartimento sem ventilação inadequadamente empregado como refeitório **Consequência(s) da anomalia:** insalubridade em compartimento ocupado por funcionários **Grau de risco:** mínimo **Orientação técnica:** instalação de sistema de ventilação mecanizada, insuflando ar captado da atmosfera exterior

Item 3		**Descrição:** ausência de ventilação no refeitório		
Ordenação	**600**	6	10	10
Grau	**Nota**	**Gravidade**	**Urgência**	**Tendência**
Máximo	10	Risco à vida dos usuários, colapso de edificação, dano ambiental grave	Evolução imediata	Em ocorrência
Alto	8	Risco de ferimentos aos usuários, avaria não recuperável na edificação, contaminação localizada	Evolução a curto prazo	A ocorrer
Médio	6	Insalubridade aos usuários, deterioração elevada da edificação, desperdício dos recursos naturais	Evolução a médio prazo	Prognóstico para breve
Baixo	3	Incômodo aos usuários, degradação da edificação, uso não racional dos recursos naturais	Evolução a longo prazo	Prognóstico para adiante
Mínimo	1	Depreciação imobiliária	Não evoluirá	Não evoluirá

Classificação VST: Técnica	Classificação anomalia: AEN
Item: 4 **Localização:** escadaria **Anomalia:** deterioração das bordas das pisadas **Consequência(s) da anomalia:** comprometimento da segurança do usuário e depreciação imobiliária **Grau de risco:** regular **Orientação técnica:** recuperação da pisada mediante instalação de cantoneira e estucagem das imperfeições com argamassa cimentícia para posterior recomposição do acabamento	

Item 4		**Descrição:** deterioração das bordas das pisadas das escadas		
Ordenação	**288**	8	6	6
Grau	**Nota**	**Gravidade**	**Urgência**	**Tendência**
Máximo	10	Risco à vida dos usuários, colapso da edificação, dano ambiental grave	Evolução imediata	Em ocorrência
Alto	8	Risco de ferimentos aos usuários, avaria não recuperável na edificação, contaminação localizada	Evolução a curto prazo	A ocorrer
Médio	6	Insalubridade aos usuários, deterioração elevada da edificação, desperdício dos recursos naturais	Evolução a médio prazo	Prognóstico para breve
Baixo	3	Incômodo aos usuários, degradação da edificação, uso não racional dos recursos naturais	Evolução a longo prazo	Prognóstico para adiante
Mínimo	1	Depreciação imobiliária	Não evoluirá	Imprevisto

Classificação VST: Manutenção	Classificação de falha: FDP/Corrigível
Item: 5 **Localização:** cabine das bombas de água gelada **Anomalia:** vazamentos nas bombas de água **Consequência(s) da anomalia:** perda de desempenho **Grau de risco:** regular **Orientação técnica:** retífica das bombas de água para substituição das gaxetas e inserção da verificação das bombas na rotina de inspeção de manutenção	

Item 5		**Descrição:** vazamento nas bombas de água gelada		
Ordenação	**360**	6	6	10
Grau	**Nota**	**Gravidade**	**Urgência**	**Tendência**
Máximo	10	Risco à vida dos usuários, colapso da edificação, dano ambiental grave	Evolução imediata	Em ocorrência
Alto	8	Risco de ferimentos aos usuários, avaria não recuperável na edificação, contaminação localizada	Evolução a curto prazo	A ocorrer
Médio	6	Insalubridade aos usuários, deterioração elevada da edificação, desperdício dos recursos naturais	Evolução a médio prazo	Prognóstico para breve
Baixo	3	Incômodo aos usuários, degradação da edificação, uso não racional dos recursos naturais	Evolução a longo prazo	Prognóstico para adiante
Mínimo	1	Depreciação imobiliária	Não evoluirá	Imprevisto

Classificação VST: Técnica	Classificação anomalia: AEN
Item: 6 **Localização**: casa de máquinas do ar-condicionado **Anomalia**: ausência de sifão no dreno **Consequência(s) da anomalia**: contaminação do ar **Grau de risco**: crítico **Orientação técnica**: criação de sifão no dreno	

Item 6		**Descrição:** ausência de sifão nos drenos		
Ordenação	**480**	6	10	8
Grau	**Nota**	**Gravidade**	**Urgência**	**Tendência**
Máximo	10	Risco à vida dos usuários, colapso da edificação, dano ambiental grave	Evolução imediata	Em ocorrência
Alto	8	Risco de ferimentos aos usuários, avaria não recuperável na edificação, contaminação localizada	Evolução a curto prazo	A ocorrer
Médio	6	Insalubridade aos usuários, deterioração elevada da edificação, desperdício dos recursos naturais	Evolução a médio prazo	Prognóstico para breve
Baixo	3	Incômodo aos usuários, degradação da edificação, uso não racional dos recursos naturais	Evolução a longo prazo	Prognóstico para adiante
Mínimo	1	Depreciação imobiliária	Não evoluirá	Imprevisto

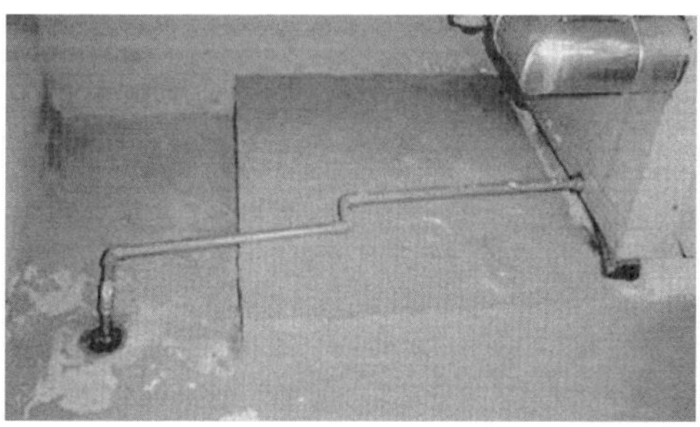

Classificação VST: Manutenção	Classificação da falha: FDP/Corrigível
Item: 7	
Localização: corredor técnico externo	
Anomalia: tomadas de ar externo fechadas	
Consequência(s) da anomalia: perda do desempenho	
Grau de risco: regular	
Orientação técnica: abertura das tomadas de ar e criação de rotina para verificação periódica do sistema	

Item 7		Descrição: tomadas de ar externo fechadas		
Ordenação	**60**	**6**	**1**	**10**
Grau	**Nota**	**Gravidade**	**Urgência**	**Tendência**
Máximo	10	Risco à vida dos usuários, colapso da edificação, dano ambiental grave	Evolução imediata	Em ocorrência
Alto	8	Risco de ferimentos aos usuários, avaria não recuperável na edificação, contaminação localizada	Evolução a curto prazo	A ocorrer
Médio	6	Insalubridade aos usuários, deterioração elevada da edificação, desperdício dos recursos naturais	Evolução a médio prazo	Prognóstico para breve
Baixo	3	Incômodo aos usuários, degradação da edificação, uso não racional dos recursos naturais	Evolução a longo prazo	Prognóstico para adiante
Mínimo	1	Depreciação imobiliária	Não evoluirá	Imprevisto

Classificação VST: Técnica	Classificação anomalia: AEN
Item: 8 **Localização**: casa de máquinas dos elevadores **Anomalia**: exposição do quadro de comando à aspersão de água, decorrente da proximidade do equipamento eletroeletrônico à janela veneziana responsável pela ventilação permanente **Consequência(s) da anomalia**: comprometimento das instalações por sério dano nelas **Grau de risco**: crítico **Orientação técnica**: transferência da janela veneziana para a parede lateral	

Item 8		Descrição: quadro de comando próximo à janela		
Ordenação	**64**	8	1	8
Grau	**Nota**	**Gravidade**	**Urgência**	**Tendência**
Máximo	10	Risco à vida dos usuários, colapso da edificação, dano ambiental grave	Evolução imediata	Em ocorrência
Alto	8	Risco de ferimentos aos usuários, avaria não recuperável na edificação, contaminação localizada	Evolução a curto prazo	A ocorrer
Médio	6	Insalubridade aos usuários, deterioração elevada da edificação, desperdício dos recursos naturais	Evolução a médio prazo	Prognóstico para breve
Baixo	3	Incômodo aos usuários, degradação da edificação, uso não racional dos recursos naturais	Evolução a longo prazo	Prognóstico para adiante
Mínimo	1	Depreciação imobiliária	Não evoluirá	Imprevisto

Classificação VST: Técnica	Classificação anomalia: AEN

Item: 9

Localização: poço dos elevadores

Anomalia: instalação defeituosa da escada marinheiro, em razão do pouco espaço para o acesso seguro

Consequência(s) da anomalia: risco de acidente aos funcionários de manutenção

Grau de risco: crítico

Orientação técnica: mudança do local de fixação da escada marinheiro

Item 9		**Descrição:** acesso precário ao poço dos elevadores		
Ordenação	**100**	10	1	10
Grau	**Nota**	**Gravidade**	**Urgência**	**Tendência**
Máximo	10	Risco à vida dos usuários, colapso da edificação, dano ambiental grave	Evolução imediata	Em ocorrência
Alto	8	Risco de ferimentos aos usuários, avaria não recuperável na edificação, contaminação localizada	Evolução a curto prazo	A ocorrer
Médio	6	Insalubridade aos usuários, deterioração elevada da edificação, desperdício dos recursos naturais	Evolução a médio prazo	Prognóstico para breve
Baixo	3	Incômodo aos usuários, degradação da edificação, uso não racional dos recursos naturais	Evolução a longo prazo	Prognóstico para adiante
Mínimo	1	Depreciação imobiliária	Não evoluirá	Imprevisto

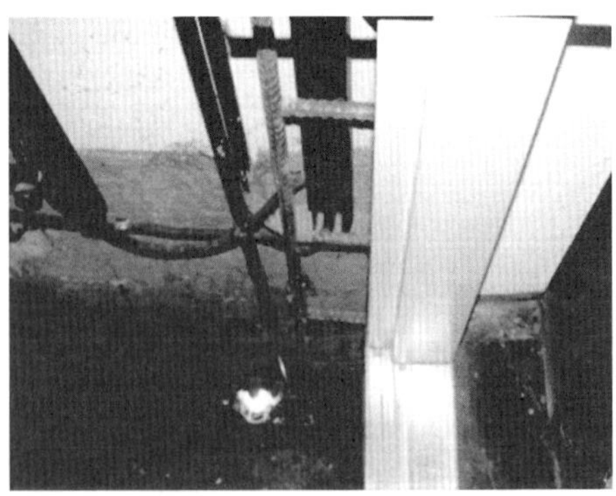

10 Configuração geral da qualidade predial

A configuração geral da qualidade predial, obtida a partir da apuração do montante dos itens classificados para cada um dos três padrões de qualidade apurados no *checklist*, apresentou-se de acordo com:

Condição técnica
Inferior → 15 itens = 11%
Médio → 119 itens = 84%
Superior → 7 itens = 5%

Condição de uso
Inferior → 14 itens = 10%
Médio → 113 itens = 80%
Superior → 14 itens = 10%

Condição de manutenção
Inferior → 11 itens = 8%
Médio → 121 itens = 86%
Superior → 9 itens = 6%

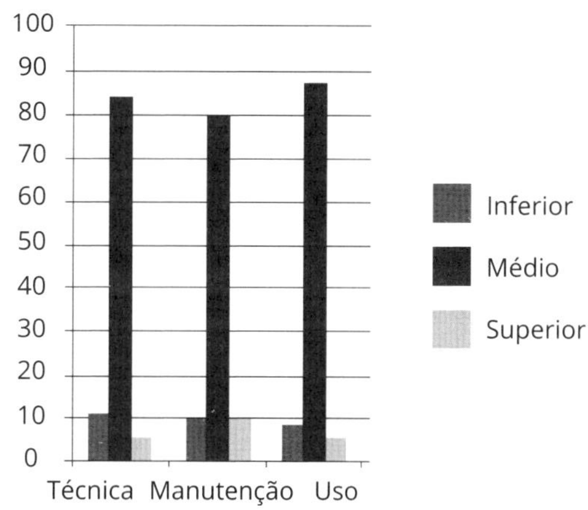

11 Ordenação das prioridades (plano de manutenção predial)

Ordenação GUT	Ordem de reparo	Descrição das irregularidades a serem sanadas	Item	Classificação
1.000	1°	Ausência de sinalização de alerta no piso de acesso ao *shopping*	1	FAF
600	2°	Ausência de ventilação no refeitório dos funcionários	3	ENX
480	3°	Ausência de sifão nos drenos dos equipamentos de ar condicionado	6	ENX
360	4°	Vazamento nas bombas de água gelada do sistema de ar condicionado	5	...
288	5°	Deterioração das bordas das pisadas das escadas	4	...
180	6°	Desgaste da pavimentação do *mall*	2	...
100	7°	Acesso precário ao poço dos elevadores	9	...
64	8°	Tomadas de ar externo fechadas dos dutos de captação para o ar condicionado	7	...
60	9°	Quadro de comando dos elevadores próximo à veneziana de ventilação	8	...

12 Responsabilidades

* A responsabilidade é limitada ao nível de inspeção e escopo contratual, eximindo-se os profissionais de análises de problemas ocultos ou de projeto, construção, manutenção e outros de responsabilidade da gestão da edificação, bem como de eventual desatendimento das recomendações do laudo.
* A ordenação das irregularidades a serem sanadas deverá ser reavaliada periodicamente, uma vez que as avarias e os riscos oferecidos são evolutivos e sofrem influências externas diárias.

13 Encerramento

Consta o presente laudo de 72 (setenta e duas) folhas impressas no anverso, todas numeradas e rubricadas pelo autor, sendo esta última datada e assinada.

São Paulo, 12 de junho de 2010.

Eng. civil Paul Ricard Trousseau *CREA nº 100.03*
Eng. eletricista Ricardo Glappão Junior *CREA nº 213.07*
Eng. hidráulico Julio Trupi Calchuo *CREA nº 565.09*
Eng. mecânico Rodrigues Lunárti Fullo *CREA nº 178.56*

referências bibliográficas

ABNT – ASSOCIAÇÃO BRASILEIRA DE NORMAS TÉCNICAS. *NBR 5671*: participação dos intervenientes em serviços e obras de engenharia e arquitetura. Rio de Janeiro, 1989.

ABNT – ASSOCIAÇÃO BRASILEIRA DE NORMAS TÉCNICAS. *NBR 5674*: manutenção de edificações: requisitos para o sistema de gestão de manutenção. Rio de Janeiro, 2012.

ABNT – ASSOCIAÇÃO BRASILEIRA DE NORMAS TÉCNICAS. *NBR 6118*: projeto de estruturas de concreto: procedimento. Rio de Janeiro, 2014.

ABNT – ASSOCIAÇÃO BRASILEIRA DE NORMAS TÉCNICAS. *NBR 13752*: perícias de engenharia na construção civil. Rio de Janeiro, 1996.

ABNT – ASSOCIAÇÃO BRASILEIRA DE NORMAS TÉCNICAS. *NBR 14037*: diretrizes para elaboração de manuais de uso, operação e manutenção das edificações: requisitos para elaboração e apresentação dos conteúdos. Rio de Janeiro, 2011.

ABNT – ASSOCIAÇÃO BRASILEIRA DE NORMAS TÉCNICAS. *NBR 15575*: edificações habitacionais: desempenho. Rio de Janeiro, 2013a.

ABNT – ASSOCIAÇÃO BRASILEIRA DE NORMAS TÉCNICAS. *NBR 15575-1*: edificações habitacionais: desempenho: requisitos gerais. Rio de Janeiro, 2013b.

CAMPOS, P. E. F. A nova norma de desempenho de edificações e seus impactos sobre a manutenibilidade. In: CONGRESSO BRASILEIRO DE ENGENHARIA DE AVALIAÇÕES E PERÍCIAS, 17., Florianópolis, 2013.

GOMIDE, T. L. F.; FAGUNDES NETO, J. C. P.; GULLO, M. A. *Engenharia Diagnóstica em edificações*. 1. ed. São Paulo: Pini, 2009.

GOMIDE, T. L. F.; FAGUNDES NETO, J. C. P.; GULLO, M. A. *Engenharia Diagnóstica em edificações*. 2. ed. São Paulo: Pini, 2015.

GOMIDE, T. L. F.; PUJADAS, F. Z. A.; FAGUNDES NETO, J. C. P. *Técnicas de inspeção e manutenção predial*: conceitos, metodologias, aspectos práticos e normas comentadas. São Paulo: Pini, 2006.

IBAPE – INSTITUTO BRASILEIRO DE AVALIAÇÕES E PERÍCIAS DE ENGENHARIA. *Norma de inspeção predial nacional*. São Paulo, 2012.

IE – INSTITUTO DE ENGENHARIA. Divisão de Patologia das Construções. *DT 001/13 DTPC*: diretrizes técnicas de inspeção predial. São Paulo, 2013.

IE – INSTITUTO DE ENGENHARIA. *Diretrizes Técnicas de Engenharia Diagnóstica em edificações*. São Paulo: Leud, 2016.

ISO – INTERNATIONAL ORGANIZATION FOR STANDARDIZATION. *ISO 6241*: performance standards in building: principles for their preparation and factors to be considered. 1984.

KEPNER, C. H.; TREGOE, B. B. *O administrador racional*. São Paulo: Atlas, 1981.

MEIRELLES, H. L. *Direito de construir*. 9. ed. São Paulo: Malheiros Editores, 2005.

NOUR, A. A. *Manutenção de edifícios*: diretrizes para elaboração de um sistema de manutenção de edifícios comerciais e residenciais. Monografia (MBA) – Escola Politécnica da Universidade de São Paulo, São Paulo, 2003.

SABBATINI, F. H. Norma de desempenho (apostila de aula) In: Curso NORMA DE DESEMPENHO COMENTADA. ago. 2010.

THOMAZ, E. *Tecnologia, gerenciamento e qualidade na construção*. São Paulo: Pini, 2001.